四特 教育系列丛书 SITEJIAOYUXILIECONGSHU

U0627791

与学生谈安全教育

萧 枫 姜忠喆◎主编

特约主编： 庄文中 龚 玲
主 编： 萧 枫 姜忠喆
编 委： 孟迎红 郑晶华 李 菁 王晶晶 金 燕
刘立伟 李大宇 赵志艳 王 冲
王锦华 王淑萍 朱丽娟 刘 爽
陈元慧 王 平 张丽红 张 锐
侯秋燕 齐淑华 韩俊范 冯健男
张顺利 吴 姗 穆洪泽
左玉河 李书源 李长胜 温 超
范淑清 任 伟 张寄忠 高亚南
王钱理 李 彤

"四特"
教育系列丛书

吉林出版集团有限责任公司

图书在版编目（CIP）数据

与学生谈安全教育／《"四特"教育系列丛书》编委
会编著 .－－长春：吉林出版集团有限责任公司，2013.1
（"四特"教育系列丛书）

ISBN 978-7-5534-1035-7

I. ①与… II. ①四… III. ①安全教育－青年读物②
安全教育－少年读物 IV. ①X956-49

中国版本图书馆 CIP 数据核字（2012）第 279774 号

与学生谈安全教育

出 版 人	孙建军	
责任编辑	孟迎红	张西琳
责任校对	赵 霞	
开 本	690mm × 960mm 1/16	
字 数	250 千字	
印 张	13	
版 次	2013 年 1 月第 1 版	
印 次	2018 年 2 月第 1 版第 2 次印刷	
出 版	吉林出版集团有限责任公司	
发 行	吉林音像出版社	
	吉林北方卡通漫画有限责任公司	
地 址	长春市泰来街 1825 号	
	邮 编：130062	
电 话	总编办：0431-86012906	
	发行科：0431-86012770	
印 刷	北京龙跃印务有限公司	

ISBN 978-7-5534-1035-7　　　　　　定价：39.80 元

前　言

　　学校教育是个人一生中所受教育最重要组成部分,个人在学校里接受计划性的指导,系统地学习文化知识、社会规范、道德准则和价值观念。学校教育从某种意义上讲,决定着个人社会化的水平和性质,是个体社会化的重要基地。知识经济时代要求社会尊师重教,学校教育越来越受重视,在社会中起到举足轻重的作用。

　　"四特教育系列丛书"以"特定对象、特别对待、特殊方法、特例分析"为宗旨,立足学校教育与管理,理论结合实践,集多位教育界专家、学者以及一线校长、老师们的教育成果与经验于一体,围绕困扰学校、领导、教师、学生的教育难题,集思广益,多方借鉴,力求全面彻底解决。

　　本辑为"四特教育系列丛书"之《与学生谈生命与青春期教育》。

　　生命教育是一切教育的前提,同时还是教育的最高追求。因此,生命教育应该成为指向人的终极关怀的重要教育理念,它是在充分考察人的生命本质的基础上提出来的,符合人性要求,是一种全面关照生命多层次的人本教育。生命教育不仅只是教会青少年珍爱生命,更要启发青少年完整理解生命的意义,积极创造生命的价值;生命教育不仅只是告诉青少年关注自身生命,更要帮助青少年关注、尊重、热爱他人的生命;生命教育不仅只是惠泽人类的教育,还应该让青少年明白让生命的其它物种和谐地同在一片蓝天下;生命教育不仅只是关心今日生命之享用,还应该关怀明日生命之发展。

　　同时,广大青少年学生正处在身心发展的重要时期,随着生理、心理的发育和发展、社会阅历的扩展及思维方式的变化,特别是面对社会的压力,他们在学习、生活、人际交往和自我意识等方面,都会遇到各种各样的心理困惑或问题。因此,对学生进行青春期健康教育,是学生健康成长的需要,也是推进素质教育的必然要求。青春期教育主要包括性知识教育、性心理教育、健康情感教育、健康心理教育、摆脱青春期烦恼教育、健康成长教育、正确处世教育、理想信念教育、坚强意志教育、人生观教育等内容,具有很强的系统性、实用性、知识性和指导性。

　　本辑共20分册,具体内容如下:

　　1.《与学生谈自我教育》

　　自我教育作为学校德育的一种方法,要求教育者按照受教育者的身心发展阶段予以适当的指导,充分发挥他们提高思想品德的自觉性、积极性,使他们能把教育者的要求,变为自己努力的目标。要帮助受教育者树立明确的是非观念,善于区别真伪、善恶和美丑,鼓励他们追求真、善、美,反对假、恶、丑。要培养受教育者自我认识、自我监督和自我评价的能力,善于肯定并坚持自己正确的思想言行,勇于否定并改正自己错误的思想言行。要指导受教育者学会运用批评和自我批评这种自我教育的方法。

　　2.《与学生谈他人教育》

　　21世纪的教育将以学会"关心"为根本宗旨和主要内容。一般认为,"关心"包括关心自己、关心他人、关心社会和关心学习等方面。"关心他人"无疑是"关心"教育的最为重要的方面之一。学会关心他人既是继承我国优良传统的基础工程,也是当前社会主义精神文明建设的基础工程,是社会公德、职业道德的主要内容。许多革命伟人,许多英雄模范,他们之所以有高尚境界,其道德基础就在于"关心他人"。本书就学生的生命与他人教育问题进行了系统而深入的分析和探讨。

3.《与学生谈自然教育》

自然教育是解决如何按照天性培养孩子,如何释放孩子潜在能量,如何在适龄阶段培养孩子的自立、自强、自信、自理等综合素养的均衡发展的完整方案,解决儿童培养过程中的所有个性化问题,培养面向一生的优质生存能力、培养生活的强者。自然教育着重品格、品行、习惯的培养;提倡天性本能的释放;强调真实、孝顺、感恩;注重生活自理习惯和非正式环境下抓取性学习习惯的培养。

4.《与学生谈社会教育》

现代社会教育是学校教育的重要补充。不同社会制度的国家或政权,实施不同性质的社会教育。现代学校教育同社会发展息息相关,青少年一代的成长也迫切需要社会教育密切配合。社会要求青少年扩大社会交往,充分发展其兴趣、爱好和个性,广泛培养其特殊才能,因此,社会教育对广大青少年的成长来说,也其有了极其重要的意义。本书就学生的生命与社会教育问题进行了系统而深入的分析和探讨。

5.《与学生谈创造教育》

我们中小学实施的应是广义的创造教育,是指根据创造学的基本原理,以培养人的创新意识、创新精神、创造个性、创新能力为目标,有机结合哲学、教育学、心理学、人才学、生理学、未来学、行为科学等有关学科,全面深入地开发学生潜在创造力,培养创造型人才的一种新型教育。其主要特点有:突出创造性思维,以培养学生的创造性思维能力为重点;注重个性发展,让学生的禀赋、优势和特长得到充分发展,以激发其创造潜能;注意启发诱导,激励学生主动思考和分析问题;重视非智力因素。培养学生良好的创新心理素质;强调实践训练,全面锻炼创新能力。本书就学生的生命与创造教育问题进行了系统而深入的分析和探讨。

6.《与学生谈非智力培养》

非智力因素包含:注意力、自信心、责任心、抗挫折能力、快乐性格、探索精神、好奇心、创造力、主动思索、合作精神、自我认知……本书就学生的非智力因素培养问题进行了系统而深入的分析和探讨,并提出了解决这一问题的新思路、可供实际操作的新方案,内容翔实,个案丰富,对中小学生、教师及家长均有启发意义。本书体例科学,内容生动活泼,语言简洁明快,针对性强,具有很强的系统性、实用性、实践性和指导性。

7.《与学生谈智力培养》

教师在教学辅导中对孩子智力技能形成的培养,应考虑智力技能形成的阶段,采取多种教学措施有意识地进行。本书就学生的智力培养教育问题进行了系统而深入的分析和探讨,并提出了解决这一问题的新思路、可供实际操作的新方案,内容翔实,个案丰富,对中小学生、教师及家长均有启发意义。本书体例科学,内容生动活泼,语言简洁明快,针对性强,具有很强的系统性、实用性、实践性和指导性。

8.《与学生谈能力培养》

真正的学习是培养自己在没有路牌的地方也能走路的能力。能力到底包括哪些内容?怎样培养这些能力呢?本书就学生的能力培养问题进行了系统而深入的分析和探讨，并提出了解决这一问题的新思路、可供实际操作的新方案，内容翔实，个案丰富，对中小学生、教师及家长均有启发意义。本书体例科学，内容生动活泼，语言简洁明快，针对性强，具有很强的系统性、实用性、实践性和指导性。

9.《与学生谈心理锻炼》

心理素质训练在提升人格、磨练意志、增强责任感和团队精神等方面有着特殊的功效，作为对大中专学生的一种辅助教育方法，不仅能够丰富教学内容，改革教学模式，而且能使大学生获得良好的体能训练和心理教育，增强他们的社会适应能力，提高他们毕业之后走上工作岗位的竞争力。本书就学生的心理锻炼问题进行了系统而深入的分析和探讨。

10.《与学生谈适应锻炼》

适应能力和方方面面的关系很密切，我认为主要有以下几个方面：社会环境、个人经历、身体状况、年龄性格、心态。其中最重要是心态，不管遇到什么事情，都要尽可能的保持乐观的态度从容的心态。适应新环境、适应新工作、适应新邻居、适应突发事件的打击、适应高速的生活节奏、适应周边的大悲大喜，等等，都需要我们用一种冷静的态度去看待周围的事物。本书就学生的社会适应性锻炼教育问题进行了系统而深入的分析和探讨。

11.《与学生谈安全教育》

采取广义的解释，将学校师生员工所发生事故之处，全部涵盖在校园区域内才是，如此我们在探讨校园安全问题时，其触角可能会更深、更远、更广、更周详。

12.《与学生谈自我防护》

防骗防盗防暴与防身自卫、预防黄赌毒侵害等内容，生动有趣，具有很强的系统性和实用性，是各级学校用以指导广大中小学生进行安全知识教育的良好读本，也是各级图书馆收藏的最佳版本。

13.《与学生谈青春期情感》

青春期是花的季节，在这一阶段，第二性征渐渐发育，性意识也慢慢成熟。此时，情绪较为敏感，易冲动，对异性充满了好奇与向往，当然也会伴随着出现许多情感的困惑，如初恋的兴奋、失恋的沮丧、单恋的烦恼等等。中学生由于尚处于发育过程中，思想、情感极不稳定，往往无法控制自己的情绪，考虑问题也缺乏理性，常常会造成各种错误，因此人们习惯于将这一时期称作"危险期"。本书就学生的青春期情感教育问题进行了系统而深入的分析和探讨。

14.《与学生谈青春期心理》

青春期是人的一生中心理发展最活跃的阶段，也是容易产生心理问题的重要阶段，因此要关注心理健康。本书就学生的青春期心理教育问题进行了系统而深入的分析和探讨，并提出了解决这一问题的新思路、可供实际操作的新方案，内容翔实，个案丰富，对中小学生、教师及家长均有启发意义。本书体例科学，内容生动活泼，语言简洁明快，针对性强，具有很强的系统性、实用性、实践性和指导性。

15.《与学生谈青春期健康》

青春期常见疾病有，乳房发育不良，遗精异常，痤疮，青春期痤疮，神经性厌食症，青春期高血压，青春期甲状腺肿大，甲型肝炎等。用注意及时预防以及注意膳食平衡和营养合理。本书就学生的青春期健康教育问题进行了系统而深入的分析和探讨，并提出了解决这一问题的新思路、可供实际操作的新方案，内容翔实，个案丰富，对中小学生、教师及家长均有启发意义。本书体例科学，内容生动活泼，语言简洁明快，针对性强，具有很强的系统性、实用性、实践性和指导性。

16.《与学生谈青春期烦恼》

青少年产生烦恼的生理原因是什么？青少年的烦恼有哪些？消除青春期烦恼的科学方法有哪些？本书就学生如何摆脱青春期烦恼问题进行了系统而深入的分析和探讨，并提出了解决这一问题的新思路、可供实际操作的新方案，内容翔实，个案丰富，对中小学生、教师及家长均有启发意义。本书体例科学，内容生动活泼，语言简洁明快，针对性强，具有很强的系统性、实用性、实践性和指导性。

17.《与学生谈成长》

成长教育的概念，从目的和方向上讲，应该是培育身心健康的、适合社会生活的、能够自食其力的、家庭和睦的、追求幸福生活的人；从内容上讲，主要是素质及智慧的开发和培育。人的内涵最根本的是思想，包括思想的内容、水平、能力等；外显的是言行、气质等。本书就学生的健康成长问题进行了系统而深入的分析和探讨，并提出了解决这一问题的新思路、可供实际操作的新方案，内容翔实，个案丰富，对中小学生、教师及家长均有启发意义。

18.《与学生谈处世》

处世是人生的必修课，从小要教给孩子处世的技巧，让孩子学会处世的智慧，这对他们的成长至关重要。本书从如何做事、如何交往、如何生活、如何与人沟通、如何处理自己的消极情绪等十个方面着手，力图把处世的智慧教给孩子，让孩子学会正确处理复杂的人际关系。本书体例科学，内容生动活泼，语言简洁明快，针对性强，具有很强的系统性、实用性、实践性和指导性。

19.《与学生谈理想》

教育是一项育人的事业，人是需要用理想来引导的。教育是一项百年大计，大计是需要用理想来坚持的。教育是一项崇高的事业，崇高是需要用理想来奠实的。学校没有理想，只会急功近利，目光短浅，不能真正为学生终身发展奠基；教师没有理想，只会自怨自艾，早生倦怠，不会把教育当作终身的事业来对待。学生没有理想，就没有美好的未来。本书就学生的理想信念问题进行了系统而深入的分析和探讨，并提出了解决这一问题的新思路、可供实际操作的新方案，内容翔实，个案丰富，对中小学生、教师及家长均有启发意义。

20.《与学生谈人生》

人生观是对人生的目的、意义和道路的根本看法和态度。内容包括幸福观、苦乐观、生死观、荣辱观、恋爱观等。它是世界观的一个重要组成部分，受到世界观的制约。本书就学生如何树立正确的人生观问题进行了系统而深入的分析和探讨，并提出了解决这一问题的新思路、可供实际操作的新方案，内容翔实，个案丰富，对中小学生、教师及家长均有启发意义。本书体例科学，内容生动活泼，语言简洁明快，针对性强，具有很强的系统性、实用性、实践性和指导性。

由于时间、经验的关系，本书在编写等方面，必定存在不足和错误之处，衷心希望各界读者、一线教师及教育界人士批评指正。

编者

目　录

1

认识校园安全

一、"校园"的定义

谈到校园安全,首先我们来认识"校园"的定义是什么?一般我们谈到"校园"总是把它定格在学校围墙内的范围,至于围墙外就不属于校园区域了。因此有关校园安全责任的归属问题,曾有人提到说:学校教职员工与学生在校园范围内发生问题应该由学校负责,如若在校外发生事故,则应该由政府负责。这个问题的确耐人寻味,假设这个定义成立的话,那么中小学生上学、放学的校外交通安全问题是否从此可以搁下不管呢?而学生在校外的言行和事故,例如:车祸、溺水、山难、自杀、涉足不正当场所、校际群殴……这些事件,难道学校就真的撒手不管了吗?就我国传统上对于教育的使命感、责任心和教育而言,学校若欲将涉及上述问题的全部责任推脱掉,恐非易事。因此狭义的校园是指学校能有效管辖的地区及范围固然不错,但我们应该采取广义的解释,将学校师生员工所发生事故之处,全部涵盖在校园区域内才是。如此我们在探讨校园安全问题时,其触角可能会更深、更远、更广、更周详。

二、校园安全范围包含甚广

校园安全的范围包含甚广,可以说当学校的校誉,校风,软、硬件设施或师生员工的身心遭受伤害、财物受损,或严重影响正常的作息与学习,给学校或当事人造成极大的伤害或困扰时,均视为校园安全亮起了红灯。

综合来说,校园安全可概分为以下几项:

1. 自然灾害及意外、偶发事件。

2. 校园暴力。

3. 两性问题。

4. 性骚扰与性侵害。

5. 毒品入侵。

6. 精神疾病学生的困扰。

7. 自我伤害。

8. 偷窃行为。

9. 打工与直销的问题。

10. 学生抗争事件。

11. 其他事件：如逃学与辍学的问题、校园行骗事件、歹徒绑架、飙车杀人……

三、影响校园安全的因素

至于影响校园安全的因素，有来自外力的干扰，也有出自于学校或学生本身的问题或疏忽。从下列简要的分析中，即可略窥一二：

1. 难以抗拒的天灾和偶发状况

自然灾害是一种难以抗拒的灾害，*1995* 年日本的关西大地震，*30* 秒钟就造成了一千多亿美金的损失和两三万人的死伤，真是令人惊恐万分。

像这种突发的天灾是难以防范的。至于学生食物中毒、运动伤害、旅游车祸，或在游乐场上使用危险的游乐器材所造成的意外伤亡……这些意外、偶发事件，不但令人遗憾，也令人防不胜防。

2. 学校行政的疏失

学校里老旧的教室、设施、设备未能定期、定时保养、维护、整修，以及校园工程工地的安全措施不够理想，是隐藏着无形杀手的最大主因。台南市某小学曾发生过在进行教室屋顶拆建工程时大量砖石砸穿二楼楼板而砸伤学童的事件。

现代的校园教室大都是高楼建筑，有时候看见学生楼上、楼下地追逐、打闹，甚至有些学生为了学校清洁比赛，不惜将身体吊于半空去擦拭、清洁那些危险地带，真叫人捏了一把冷汗。学校若未能落实安全教育及适时给予学生机会教育，则伤害事件将难以避免。

其他有关校园活动未能妥善规划，未能适时掌握问题学生资料，并迅速进行辅导与处理……都是安全事故的重要因素。

3. 少数教师的教育方式有待商榷

（1）班级经营能力不够。

教师在学校里除了开展教学活动之外，最重要的就是开展班级经营活动，尤其是学生将从班级团体的生活中体验团体的群己关系，并学习生活规范和角色扮演，这是非常重要的社会化过程，而教师则扮演着班级团体的领导者。

如果班级中有一个不懂得经营理念或是无心经营的教师，那么这个班级的混乱以及师生之间的冷漠是可以预料的。

（2）辅导技巧与知能不足。

许多学生在校园中都可能遇到诸多的学习障碍，或是来自问题家庭的心理伤痛与挫折。如果教师无法有效运用辅导技能，则师生之间的互动，是非常容易产生摩擦和冲突的。

摩擦和冲突发生后，有些学生因不服管教而口出恶言，若教师回他一个巴掌，那么将会产生第二波的摩擦和冲突，如此终将以暴力相向。

另外一种师生冲突源于教师不当地管教、处分与体罚。

（3）缺乏安全警觉。

校园安全的产生大部分是有前兆的，但往往有部分教师或导师缺乏警觉性，任由危险警讯的存在或扩大，而错失防范良机。等安全事件发生之后，只能不胜欷歔地慨叹未能重视事先所获得的信息。

4. 学生在大环境变动下的狂飙期

青少年学生的叛逆行径真是令人咋舌。丰原某初中有位教师见一学生在课堂上睡觉，教师叫醒他并告诉他在课堂上应该好好学习做人才是，结果这位学生回过头来给教师的答复是："做人是在床上做的。"真是人小鬼大，口出不逊，而且语不惊人死不休。这还算好的，有位教师同样叫醒了一位在课堂上睡觉的学生，这位学生被叫醒之后，拿起椅子就往教师身上砸，这种情形怎么不叫人感叹、无奈呢？

青少年学生们本来就处于狂飙期中，而在大环境的变动下所产生的影响，更使得他们在狂飙期中加速油门的踩踏。青春岁月如此风驰电掣，不脱轨也难矣！大时代、大环境到底给了他们什么？

（1）低落的挫折忍受力。

由于家庭过度地呵护，以及学校过度地容忍和姑息，加上社会过度的保护，当前多数的青少年已成为温室中的花朵，他们只知收获而不知耕耘；只愿享受权利，不愿去尽义务负责任；面对困难和问题，不愿寻求解决的办法，而只知反抗和逃避。反抗的对象包括父母、师长、非我族类（非同一圈内的朋友），反抗的结果所造成的冲突，更增强其挫败感，再次挫败是下一轮反抗、冲突的诱因，如此恶性循环，只会增加其不良的行径。而过度逃避的后果，不是自我封闭，就是寻求自我解脱而走上自杀的道路。我们可以发现有多数学生自杀的原因是课业压力大、被感情困扰和对人生价值有失落感和茫然感。

（2）增强对传统和权威的抗拒力。

往昔教师所拥有的传统社会地位已经在大环境的变动中日趋微弱，而教师领导学生以及对于学生生活、纪律的指导权威也逐渐褪色。19世纪德国学者韦伯将权威分为：

①法制的权威。

②传统的权威。

③魅力的权威。

这三种权威形态似乎很难在现今的教师身上寻获。

例如初中学生不能退学、不能留级，记过、处分也几乎产生不了很大的作用。高级中等以上学校的学生功利主义甚为浓厚，只对任课的教师较为尊重，对于其余的教师则冷漠得视若陌生人。加上尊师重道的社会风气逐渐沦落，部分家长动辄到学校兴师问罪，传播媒体对教师亦多有责难。教师得不到尊重，使学生对教师愈来愈缺乏敬畏的态度。

某校训辅人员在巡视学生宿舍时，见学生吊儿郎当地躺在床上和老师说话，便说："你和老师说话，起码应该坐好吧！"学生回答："现在又不是上课时间。"

龙井乡某初中一名教师制止学生吸烟，学生不但回口怒骂，还教唆其他学生到训导处丢鸡蛋，把街头暴力都搬到校园里来。某中学一陈姓老师纠正学生，竟遭学生砍杀一二十刀。某中学因怕登革热病毒影响，不准学生露营，翌日学生马上贴出大字报"还我露营权"。今天我们叹师道之难为,真是心有戚戚焉。

(3)浓烈的个人色彩和自尊心,但却无法尊重他人。

某校少数学生在宿舍内经常吵闹到深夜,而无视其他学生休息的权利,不但不听训辅人员的劝导,还从楼上丢下一句话:"你神经病!"部分学生受不了,请导师帮忙到外面找房子,然后全班学生准备搬出去住。

有一次坐夜车,全车的人都在休息,只见一群学生在玩扑克牌,其嬉笑声震耳欲聋,完全不理会他人的感受。

"只要我喜欢,有什么不可以!"似乎为当前青少年心态的最佳写照。学生飙车事件,无故砍杀路人,更是不尊重他人生命的表征。

(4)认知不足,好奇、好玩染上毒品。

1990 年教育部陆续接获学校报告,学生有吸食并贩卖安非他命的事件之后,深觉事态严重,从而全面掀起校园反毒工作,并订定"春晖专案"要求各校贯彻执行。

经深入探讨学生吸毒原因,发觉学生大都是在好奇心的导引下去尝试毒品。部分学生认为安非他命可以提神,有助于熬夜读书,有的是喜欢吸食后那种飘然的快感和幻觉,有的则在同学的怂恿下为了获得同学的认同而吸食,大部分人都不知道吸食上瘾的后果,有的虽然知道,却认为吸一口没关系,反正不会上瘾。苗栗县晨曦会的刘民和牧师当年就是一再相信自己不会上瘾,但是一吸就是十年,在经过无数次地下决心之后,好不容易才勒戒成功,他痛苦的经验正是吸毒者最佳的借镜。

(5)薄弱的物质诱惑抗拒力。

在经济起飞、物质享受丰富的台湾社会里,青年学生们耳濡目染于社会的奢靡之风,大多数人都禁不住物质的诱惑,多起学校发现的偷窃、勒索案件,经查问的结果,大都是出于学生贪图享乐的目的。

(6)家庭教育无法有效配合。

学生犯错,部分家长无法配合,甚至放纵其子弟。例如:买摩托车供子弟无照驾驶、误解训辅人员的辅导行为而到学校理论,甚至殴打训辅人员、控告老师,另外还有部分家长自己吸毒、贩毒也把子女拉下海……这样学校再怎么教育也功亏一篑。

家庭是否给子女完整的爱、正常的关怀和正确的管教态度,是学生能否健康成长的重要因素。专家指出：不快乐的孩子容易犯罪，所以家庭教育的配合是预防青少年学生犯罪的第一步。

(7)社会不良风气的影响和错误信息的表达。

这些年来，媒体（包括电影、电视、网络、报刊等）的蓬勃发展，加上社会意识形态的多元化、开放化，各种媒体不断出现血腥、暴力、色情画面以及公众场合吵架、侮蔑、谩骂、羞辱等。这些信息给年轻人一种非常不健康的暗示作用。

我们看看电影上一再出现所谓的"英雄"片，片中的"英雄"冷峻无情，为财、为仇、为情，拼杀打斗，口叼牙签，手拿双枪，杀尽其异己者，像这种社会的暴力分子却被塑造成洒脱自如的"英雄人物"，而这么"酷"的形象，又被冠上"英雄"二字。如此偏差、错误的信息，经过美化和包装后，竟成为一些学生竞相崇拜和模仿的对象。看到如此畸形的青少年次文化，能不叫人掷笔三叹吗？难怪伤老师、伤同学、伤路人的事件一而再、再而三地上演。

除了社会暴力之外，色情文化充斥于社会各个角落，也增添了校园管理的问题和困扰。

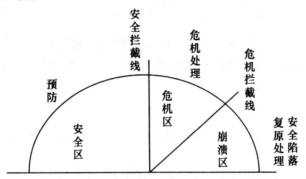

校园安全指标图

四、校园安全维护目标及要领

校园安全的维护目标，以学校软、硬件设施，设备及师生员工人身、财物等皆能不受干扰、损伤和破坏为最高原则。

假设以 0 度为最高安全指标，以 0 度至 90 度之范围为安全区，以 90 度至 180 度为危机区及崩溃区，那么为了确保校园安全，势必要将各种危险因素管制在安全区内。

基本上,校园不可能经常性呈现一个恒定的状态,因为任何人、事、时、地、物,都有不同的安全或危险指标。

1. 人

有些学生个性暴烈,容易和人发生冲突,那么他的危险指标较高;有些学生个性温顺开朗、安分守规,当然他的危险指标较低。教师也一样,有些教师管教严格,有些则理性温和,因此他们也有不同的安全指标。

2. 事

学生在教室上课与到户外开展教学参观活动,可能发生的危机概率绝对不一样;学校准备提高学杂费,或降低学杂费,可能引发的抗争危机指标也是绝对不一样的。

3. 时

早上七点以前及晚上,其安全指标和白天相比,一定不同;白天时,上课时间、下课或是午休时间和放学以后,也有不同的安全指标。

4. 地

教室、办公室、图书馆、运动场,以及师生经常活动的地点,安全性良好;但是空教室、学校工地、校园偏僻处、地下停车场、灯光昏暗处,其危险指标较高。

5. 物

一般的教学器材、物品和厕所里的盐酸、实验室的有毒化学用品,也有不同的安全指标。

要有效维护校园安全,必须从各方面考虑各项事物的安全或危险指标,做好预防措施,设法降低其危险指标,并在能够容忍的最大安全极限(90度安全指标)内,实施第一道安全拦截。

假如无法在第一道安全拦截线(90度安全指标)成功拦截各种危险问题,这些问题的危险指标将会持续升高,并进入危机区。如果危机信息明显(若危机信息不明确或具有隐藏性,那问题更大),校园师生将会感受到焦虑、恐慌,同时也会感觉到伤害现象即将发生的压迫感。这个时候,危机处理人员就必须尽快实施第二道安全拦截,希望在危机区中实施危机处理,有效解除危机。倘若在危机拦截线前,仍无法解除危机,那么危机事件就会爆发,并危害校园安全。

因此为了师生安全及校园安宁,各项安全维护工作都是非常重要的,而安全维护的要领则是:

预防重于处理;

妥善处理又重于刻意逃避及复原重建。

危机管理

一、危机的定义

所谓"危机"是指一个单位在未预警的情况下(或已发现征兆,但却势不可当),突然爆发(或即将、可能爆发)的情境或事件,它可能威胁到这个单位的正常运作,或造成其他不良后果,迫使决策者必须在极短的时间内作出决策,并采取行动,以使灾害或损失降到最低的程度。

在我们生活的空间中,危机处处可见。大至世界性的能源危机、经济危机、战争危机,以及社会性的政治危机、企业危机;小至个人性的家庭婚姻危机、财务危机、中年危机、老年危机、发展性危机(developmental crisis)、情境性危机(situationalcrisis)等。换句话说,我们的生活环境中充满了困厄颠沛,而这些问题都必须做妥善的处理,从而不至于伤害到个人,或使团体、组织崩溃瓦解。

不管是个体或组织团体,必然都是朝向一个远景的目标前进,如果在追求目标的过程中遭遇到阻碍,那么阻碍的力量,将会让人产生焦虑等情绪反应,或让人处于慌乱惊恐的状态。

此时为了排除障碍,往往会首先运用平时的解决方法,试图解除障碍,但是当发现运用平时的解决方法,仍然无法解除障碍时,焦虑、慌乱的指标会逐渐升高,这时候将呈现出一段不稳定的时刻和不稳定的状况,并且隐含着若干的危机。因此在这样决定性、关键性的一刻中,可能会促使个体或组织恶化,但也可能因为适当地处理而露出转机的曙光,在这样生死存亡的关头,摆脱困境是最大的期望,而摆脱方法的获得,则是迫在眉睫。

　　"危机(crisis)"一词最初源于希腊语,原指疾病转好或转坏的转捩点,而左右这个转捩点走向的主因,完全取决于是否能适当地提供有效的解决办法,并做尽快地处理。犹如疾病中,能适时对症下药,病体自然能快速地脱离险境而获得解脱。假如疾病的警示作用产生之后,不能适时提出有效的药方,也未能尽快予以治疗,那么伤害将持续存在,甚至病情会扩大而造成终身遗憾。

　　所以"危机"基本上是一种"难关",而左右这个"难关"的要素,则来自于是否具有适当的警觉性和有效的解决方案。

　　人的身体并非百病不侵,小疾病大都会由身体的免疫系统自行排除,但是有些病菌不是人体本身所能自行处理得了的,一旦这种病菌侵入之后,借助外力的协助脱离困境则是迫切需要的。

　　身处于这个繁杂的社会中也类似于这种情形。由于人生不如意之事十有八九,所以我们也可能经常会遭遇到种种的挫折与困难。一般的小问题大概自身都能做适当地处理。例如:父母亲的小责难,以后注意一点就好了;上课迟到受到师长的指责,以后就不要赖床;期中考试考砸了,期末考试就用功一点……但是当遭遇到极大的困难时,可能运用过去许多有效的处理方法却无法解决。例如:亲情间重大的冲突或家庭发生重大的变故;男女情感突变;同学关系的重大变化;课业上的重大压力……这个时候情绪上可能会紧张着急、焦虑万分,并陷入深深的无力感中。面临如此的难关,显然个人在这个时候是无法单独去解决问题的,因此求助动机增强,学习新的解决方法或改变人格的可能性也会相对增加。如图所示,当朝向目标前进受阻时,若依平时的解决方法仍然无法有效处理,此刻即产生危机了,然而若不知变通,寻求其他途径以求解决,那么将会陷入绝境,摆脱不了危机桎梏。此时只有运用危机处理知能,进行危机处理,方能解除危机,获得新生,重新走向预定目标。

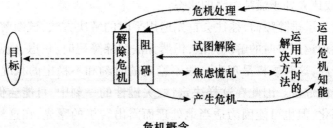

危机概念

二、危机的特性

1. 威胁性

危机本身隐含着若干危险,它不但会破坏个体或团体的正常运作,而且会更严重地阻碍对目标的追求,因此它可能会对个体或团体造成某种程度的伤害。

2. 急迫性

危机形成之后,其危害速度非常快,所以解除危机的期待非常急迫;提供决策参考的资讯非常急迫;决策者的反应与决定也非常急迫;复原处理更是急迫地需要。

3. 不稳定性

形成危机的因素非常复杂,因此一旦造成危机,有关组织的运作、人心的慌乱、危机的扩散与影响……将使个体或团体呈现出非常不稳定的状态。

4. 两极化

危机虽然是个极大的"危险",但仔细探究,它可能只是个"警讯"而已;或者只是个"求助、求救"的信号;还可能它是把"毒瘤"凸显出来,等你去切割、诊治、处理。

换句话说,"危机"可能是在帮你找问题,如果能妥善、有效处理,可能这个组织体将更健全、更硬朗,反而强化了组织的功能。所以说"危机"可能造成毁灭,但也可能是个"转机或契机"。或生?或死?就看决策者如何处理了。

三、产生危机的条件

危机虽然隐含了"危险",但所有的"危险"并不见得都会产生危机。所以对于"危机"的判定,也有必然的条件存在。

我们之所以会感受到"危机"的存在,大概会有下列五种条件:

1. 内外环境突然发生改变。

2. 该变化已经影响个人(或团体)对基本目标的追求。

11

3. 该变化所带来的风险只能预估,但却无法避免。

4. 该变化无预警,或虽有预警,但却势不可挡。

5. 对变化做反应、处理的时间,短促有限。

四、危机发展的过程与阶段

危机的发展过程大概分为四个阶段:

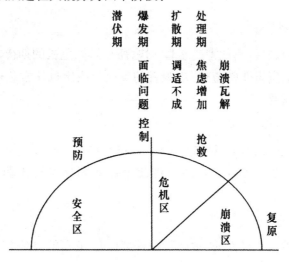

危机发展的过程与阶段

1. 潜伏期

面临问题时,无法有效克服,于是危险指标不断升高。

2. 爆发期

当问题的危险指标升高至最高安全警戒线时,即爆发出不稳定状态,但此时尚不见得就会造成伤害,于是必须尽快处理与调适。

3. 扩散期

当危机爆发后,若无法适当处理,或调适不成,危机可能会扩散开来,并使指标再度增高,于是焦虑增加,压力加大,内外刺激的增强,也迫使当事人尝试采取各种不同的解决方案。

通常能积极采取适当手段,应可解除危机。若是采取逃避措施,或是慌乱不知所措,又不知寻求帮助,那么危机的扩散力量将持续增加,直至个

12

体或团体崩溃为止。

4. 处理期

从面临问题之后,都是处理期,它涵盖的范围甚广,从危机处理直至复原处理,都是处理期。

不过在危机区中,若能妥善处理,并有效拦截问题进入崩溃区,那会是令人振奋的,不但具有成就感,而且有可能化危机为转机。

但若等到问题崩溃陷落,再进行复原处理,那将是一种令人非常沮丧与难过的窘境。因此这两者的处理过程和结果是截然不同的。

五、危机管理四阶段

1. 第一阶段是预防

预防工作最重要,也是危机管理的首要工作。

2. 第二阶段是控制

危机产生之后,要尽快控制危害。一方面不可把安全的人、事、地、物,毫无头绪、毫无准备、毫无规划地投入危机区(或是去抢救灾害);一方面要控制危机,不可让危机扩散开来,并尽量使损害降至最低点。

3. 第三阶段是抢救

将所有可以以及有能力抢救灾害的人、事、地、物,凝结成有组织的救援力量,并投入救援工作。

4. 第四阶段是复原

铲除急迫的危机,只是危机处理的前半部,后续的复原工作能处理得圆圆满满,使个体或团体恢复正常的运作,更是一项重要的工作。

六、危机预警

早期的预警,对于防止危机的发生,是非常重要的工作,因此有必要建立警讯搜集系统,并做好危机资讯的分类与管理。

1. 建立警讯搜集系统

校园危机的警讯搜集虽然不容易组织化,但是训导处(学务处)应运用现有的人力,透过教官、训导员、导师,定时或不定时地从与教职员工的交谈中及师生的对话中,搜集相关资讯。也可以采取设立意见箱、专线电话等方式,先期获得预警。

2. 成立专案小组

学校应成立各种按任务编组的安全预防与处理专案小组。例如:安全汇报、危机处理小组、申诉制度评议委员会、训辅委员会等。

3. 危机警讯的分类与管理

(1) 可预防性危机。

所谓可预防性危机,乃是引发危机的因素出自校园内部。例如:学校的政策、教师的管教与教学、师生关系、班级经营等。

这些问题应如何处理,才能精进校务;若有所疏失,可能引发哪些危机,大都能预见并事前采取预防措施,即使引起危机,也可运用应变计划将损失或伤害控制到最小的程度。

(2) 半预防性危机。

所谓半预防性危机,乃是引发危机的因素来自校外。例如:不良分子入侵、自然灾害等。

这些问题虽可以预见得到,但是对于事先的预防工作,却比较难有效掌握与控制。不过由于仍可提前采取预防措施,因此即使产生危机,应该也可以透过先前的应变计划,使损失或伤害降到最低点。

(3) 难预防性危机。

所谓难预防性危机,乃是引发危机的因素,不单是来自学校本身或来自外部的侵害,它的因素非常复杂难测,也无法知晓什么时候会发生。例如:偶发、意外事件等。

由于这些问题难以预见,因而不太容易事先预防,而且一旦发生,恐非学校本身能力之所及,因此求助于外力,是急迫需要的。

七、危机分析

学校应不断地搜集与整理各种警讯资料,然后从这些资料中,分析所有人、事、时、地、物的危机指标,分类危险群与安全群,并拟订先后或重点的预防与处理。

对于危机的分析方式,可依下列的要点与步骤实施之:

1. 分析危机发生的可能性,可能性愈高,愈应预防其发生。

2. 分析危机发生后可能造成的危害程度,危害程度愈高,愈应做好应变措施,使危机发生时,尽量降低其危害程度。

3. 综合分析危机发生的可能性及危害程度,然后加以分类防范。

(1)可能性与危害程度皆高者,其危机指标也高,应列为最高危险群,并优先防范。

(2)可能性与危害程度,其一较高,其一较低者,宜列为次高危险群,并注意防范。

(3)可能性与危害程度皆低者,须留意是否有潜伏因子而误判,或有分析盲点而判定不实,若否,则可列为安全群,平时观察、注意即可。

校园危机的认识

一、校园危机的定义

1. 就学校的整体性而言

当校园安全遭遇难关而无法适当处理时,学校运用过去有效的处理模式与方法仍然无法解决,以致校园所遭受的伤害持续存在或扩大,而感受到紧张与焦虑不断提升,因此陷于束手无策的无力感状况。

在这种状况下,学校已无法单独去解决问题,因此求助动机增强,学习新的解决方法或改变学校的想法、看法及做法的可能性增强。

2. 就学校个体性而言

当学校师生员工遭遇难关而无法适当处理,致使其个体即将(或可能)发生重大伤害、变故时,亦属校园危机。这些个体已无法单独解决问题,其求助动机增强,学校必须实施紧急处理,使问题消弭于无形。

二、校园危机状态

学校面对安全难关,正常的教学任务受阻时,施予紧急处理所产生的状态,通常我们可以称之为校园危机状态。一旦陷入危机状态,校园就会出现混乱和动摇。在危机时期,校方将会研讨并尝试克服危机状态的各种方法,最后会发现某一种最好的方法,能使校园从危机中脱困。

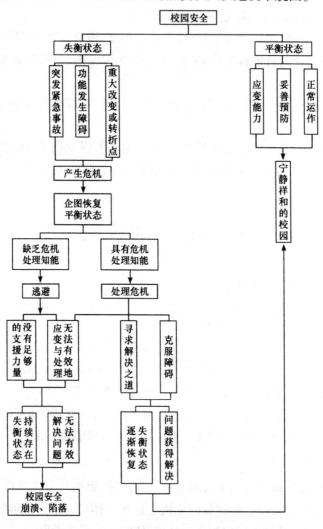

校园安全状态

基本上,学校的组织功能运作正常,并有妥善的预防措施,教职员工也能具有良好的应变能力时,校园环境是处于宁静祥和的平衡状态的。

但若学校有重大或突发的改变,或是组织功能发生障碍,就容易产生

16

校园危机。这时候就需要运用良好的危机处理知能,以解除危机,使校园安全恢复平衡状态。

校园安全的影响

校园安全影响到学生们学习的环境。校园安全若发生问题,则学校秩序大乱。无论是学校行政主管、教师、学生,乃至家长、社会,都会受到一定的伤害。

一、当事人受伤害

当校园安全发生问题时,首当其冲受到伤害最大的莫过于当事人。有的不幸死亡,有的身心受创,更有的遭受法律制裁,实在令人心痛。列举几件事例如下:

1. 学生擦窗坠楼死亡

某初中有位学生,因为所分配的窗户清洁工作在早上清洁时间未擦拭好,便利用午休时间补擦,未料当这位学生背部靠着窗户的安全护栏,面向教室擦拭窗户时,安全护栏的两处固定铁钉锈蚀断裂脱落,造成该生身体失去平衡,坠楼死亡。事后检讨发现学校负责人员明知该栋大楼二楼以上的窗外安全护栏已装设十多年,部分护栏的固定铁钉已锈蚀松脱,却未依规定深入检查安全护栏,因此有关人员应负疏于注意的过失责任,而被地方法院依业务过失致死罪判处徒刑。

2. 学生袭击,教师身亡

某初中一位老师在上课时,要求学生交作业,有位学生表示并未带来作业而未交。教师不信,即走到这位学生座位欲检查他的书包,但这位学生却大声质问老师为什么检查他的书包,因为口气不佳,教师除了答以检查书包有什么不可以以外,并以手捆打该生左脸颊。这位学生被捆打之后怒从心生,随即对老师加以辱骂,并持手中书包挥击教师,教师闪避不及,致左侧头部遭击后倒地受创。学校获知紧急送医急救,但是在五天之后,该教师终因左侧硬脑膜下出血及脑挫伤而死亡,此事件引起社会极大的震撼。

这位教师不幸逝世,固然令人遗憾,而这位学生经检察官提起公诉后,也因伤害致死罪被判处有期徒刑八年。如此青春年华就身陷囹圄,令人惋惜不已。

3. "幼齿"教师的惊吓

某校有一位师范院校毕业生,本来满怀着教学热忱与教育理念,但是毫无教学经验的他,完全不懂得当前校园里青少年的次级文化及心态。像这么一位"幼齿"教师,竟然就在第一天第一节上课时,因师生冲突处置不当,被学生打得鼻青脸肿。这突如其来的惊吓,使他不知如何自处,自此以后竟遁入了自我否定的"围墙"里,再也无法展开其对教育的期待与抱负。

4. "妈妈! 以后我再也不敢当老师了。"

某初中一位男学生,受到同班一位因打架被导师送交学校记过处分的女同学唆使,竟然设局叫同学向导师谎报他在楼上抽烟。待诱骗这位陈姓导师上楼后,即抽出预藏的水果刀将导师刺成重伤。在医院里,陈老师的婆婆来探望她时,她泪流满面,感慨万千地向婆婆说了句:"妈妈,以后我再也不敢当老师了。"从这句话中可以了解陈老师内心必然受到极大的伤害,否则不会脱口说出如此令人感叹和失望的话。

5. 在双亲坟前饮药自尽的男教师

某校一位男教师和行为不检的女学生发生了不正常的亲密关系。由于该名女学生毕业后与许多不良少年混在一起,当没钱用时就找这位男教师索取,索取不成就以公开丑闻为要挟。这位教师不堪其扰,无法忍受,最后跑到其双亲的坟前饮药自尽。然而这毁了他一生的事件,他太太却自始至终都不知情,只有他的同事们唏嘘不止。

二、学校受伤害

1. 承受压力

(1)当事人的压力。

当一位负责任的教师带领着学生们开展户外教学参观、毕业旅行、旅游……若不幸发生了车祸、溺水或意外事件的时候，面对着伤亡的学生、哀伤的同学、惊慌失措的家长，以及为了处理各项善后而忙乱一团的学校相关人员，那种内心的自责和心中焦虑、愧疚的煎熬，绝对不是一般人所能感受得到的。

某校学生毕业旅行，同学们高高兴兴地搭乘游览车至各地旅游，一行人南下到达中部一处颇负盛名的游乐场所。同学们尽情地在这花团锦簇、绿野抱翠的美丽园地游览。有两位学生一起搭乘备受年轻人欢迎的"子夜快车"游乐器，这种游乐器在旋转时会如波浪般起伏，每一圈的速度大约是三四十千米/小时。两位同学满怀喜悦地坐上座位，却在游乐器快速旋转之后飞出车外造成一死一伤。一时之间悲伤哀恸和愁云惨雾笼罩着所有的师生，而带队的教师只能无奈地带着惊慌失措和伤心懊恼的心情处理善后。

类似上述情形，一般教师大都会因内心受到无形地谴责而产生极大压力。

除了这种压力之外，假如教师和学生因性骚扰、体罚或不当管教等引发冲突而造成：

· 学生控告老师。

· 学生以暴力相向。

· 学生家长无理性地指责、控告，甚至以暴力对待。

· 引起社会各界的批判、责难，以及上级不断地询问、检查。

像这种情形，所形成的压力就更直接、更沉重了。

某校两位教师因为早上在校园内担任导护工作时，发现一位女学生违反校规，态度恶劣，不听从指导，便分别对这位女学生施予体罚。学生家长获知此事后，怒气冲冲地跑到学校来理论，不但不接受解释和调解，更是一怒将二人告到法院。最后这两位教师经法院判决拘役三十日。此一事件引起社会各界极大地关注，要求解释教师是否具有惩戒权。

从事件发生后，家长的指责、社会各界的关切到最后判决有罪，使得两位教师心中感到极大的震撼和失望，他们这其间所承受的压力之大可想而知。

在某大学的性骚扰案件中,被指控的当事人自始至终都未出面辩解,但是在从学校到社会各界的一片"抓狼"的讨伐声中,恐怕他也是终日在惊恐中度过。

而在某大学的性骚扰案中,根据当事人的告白:

"我做梦也没有想到,自己会成为'疑案'的男主角……我始而惊讶、悲伤,继而痛苦,经历这两天的失眠之后,终至能强迫自己冷静下来好好思考。

至于我个人的名誉,清者自清,终有洗刷的一日。令人不忍的是,我无辜受苦的家人……"

从这两段话中,可以看出不但当事人,连他的家人也必须间接地承担这些压力。

(2)训辅人员的压力。

学校安全问题是最令训辅人员头疼的事。

当校园危机产生时,训辅人员必须要能够迅速掌握状况,判明情形,寻求助力,并且完成部署。同时要在最适当的时机中当机立断,立即采取最有效的紧急措施。这跟上战场作战一样,其间丝毫不能有差错或闪失,否则不但功亏一篑、徒劳无功,可能还会助长危机扩散而造成另一波危机。可见训辅人员在处理危机事件中的压力。

某校,有一天上午 11 点 35 分,学校总机接获一位身份不明的男子打来的电话,称:"贵校学生餐厅承揽人在外有不当男女关系,双方经谈判赔偿不成而关系破裂,现被害人心有不甘,已在贵校学生餐厅放置炸弹一枚,预定中午 12 时引爆。"总机小姐立即向学务长报告上述状况。

学务长得知后,马上召集主任教官等相关人员研拟措施,并决定处理步骤:

①向校长报告。

②向警局报案并请求派遣"防爆"人员支持。

③紧急疏散餐厅用餐人员。

④隔离人员并实施警戒。

⑤开设紧急医疗站。

⑥消防人员即刻编组待命。

11 点 47 分,各相关人员就位完毕,教官及训导人员迅即赶至学生餐厅,实施人员疏散及四周警戒。

11 点 51 分,餐厅人员疏散完毕。

11 点 57 分,警察及消防人员赶至。

12 点整,无爆炸现象。

12 点。5 分,防爆人员进入餐厅搜寻。

12 点 30 分,确定餐厅内无爆炸物,证实是人为恶作剧之后,餐厅重新开放供学生用餐。

虽然是场虚惊,但是这短短的 25 分钟却令训导人员人仰马翻,紧张万分。像这样短暂、有时间性的危机状况,时间一过可能危机就随之消失,但是有些危机无法在短时间内解决,那么它持续多久,训辅人员的压力也就跟着持续多久。

例如:有自杀倾向的学生,你无法预知他什么时候会想不开,所以必须经常性地加以注意、辅导,以防万一。

另外,对于精神病患学生,也必须随时注意他的行踪,并且需要长期性的辅导就医,否则什么时候会出现什么样的问题,都是无法预料的。

除了校园即刻的危机状况之外,一般性的安全问题也相当繁杂。平时的预防工作,以及事件发生后的协调、调解、协助、辅导、安抚、善后等,所耗费的人力、物力及时间等,都是非常大的。

(3)校长的压力。

校长是学校的最高首长,而单位主管必须负单位的成败之责,所以学校的任何问题,校长都难脱其责。

当校园安全事件可能发生、即将发生,或者已经发生时,事件当事人以及训辅人员所承受的压力,大概都会加在校长身上,而且校长还必须面对全体师生、上级和社会的质疑,必须给大家一个满意的交代。因此他承受了所有的压力,其精神上的紧绷状况是可以想象得到的。

市某初中发生男学生集体对女学生性骚扰的事件,事后校长在议会中被议员严厉指责没有能力善后,其间校长一直神情凝重并频频拭泪。

(4)整个校园笼罩在一股不安的气氛中。

校园安全造成了诸多遗憾事件之后,除了当事人及学校相关人员一直处于低迷的气氛中之外,事实上事件所营造的不安气氛,会像一层薄雾般弥漫整个校园,使人人都感受到一股说不上来的味道。

某大学性骚扰事件发生后,紧接着学生乘胜追击,又披露了不具姓名的"七匹狼"劣迹。一时之间校园里草木皆兵、"狼"影幢幢,好像整座学校就是"狼窟"一般,人人杯弓蛇影的结果,带来了诸多无谓的困扰。

2. 校誉受害

荣誉是一个人的第二生命,个人如此,学校亦如此。

学校安全问题若损及形象或影响校风,就非常容易对学校名誉造成重大的伤害,恐怕学生会是校誉扫地的最大受害者。

某大学部分学生因不满学校的行政措施,欲采取抗争行动。经过激烈及不良的鼓动之后,竟在毕业典礼上满场丢掷纸飞机抗议,纸飞机内则书写不堪入目的"三字经"。由于庄严隆重的毕业典礼受到如此戏弄,学校在众多来宾之前丢尽颜面。

事后据说有位名企业家就在遗嘱中交代后世子孙"本企业而后永不录用××大学的学生"。

3. 财物受损

自然灾害侵袭、学校疏失,或不良分子故意破坏,都会造成学校财物的损失。有的学校教室、宿舍被纵火;有的是电气器材摆放在地下室遭受水淹;有的则为宵小盗窃,损失财物与教学器材等。这些损失都会直接或间接地影响教育的正常运作。

4. 校园人际关系失调

(1)教师之间关系失调。

学校训辅人员、导师及相关人员在处理学生问题的时候,可能由于对事件认知和解读的角度不同,有时候往往会产生相当大的分歧。面对不同的处理意见,若无法有效沟通,就会在教师之间引发相当不愉快的事情。

某初中,训导人员与校警和不服管教的学生发生冲突之后,以手铐将学生铐在广播室窗户的铁条上,事后在问题的处理上,这位学生的导师和训导人员就产生极大的分歧,而造成彼此间的不谅解。

(2)学生之间关系失调。

学生的暴力行为往往是校园安全最严重的一面。无论是殴斗、勒索、寻仇,都很容易形成恶性循环,造成同学彼此之间的敌意、防御力与疏离感,以致校园充满暴戾之气。

另外,有些学生平时的行为即无法获得同学的认同。当这位学生变成校园安全的受害人时,反而会更加遭受唾弃。

某大学性骚扰案发生后,受害人同系的同学有多数竟然不相信她的受害事实,反而联合建议校方开除她,以保校誉。

像这样的副产物,等于是二度伤害,实在令人叹息!

(3)师生之间关系失调。

第一,师生之间的冲突最容易使师生情感降到冰点。

性骚扰事件在校园里风声鹤唳之时,几乎所有的男教师都感受到那股窒息感,好像只要与异性师生相处,都会沾上"狼腥"一般,于是异性师生纷纷划清界限以表清白。

有所学校就公布了"异性师生相处原则":

1. 于研究室讨论学术,请开启室门。

2. 言谈举止请互相尊重,保持适当距离。

3. 师生聚餐,请尽量选择校内餐厅。

4. 若有必要前往对方住处,请结伴而行。

这实在是个大笑话、大讽刺。但从这样的公告中我们也能感受到学校的无奈,而这种无奈只会加速师生之间情感的冻结罢了。

第二,师生因体罚或管教不当所引起的冲突,也会损伤师生的情谊。

有位教师因对某位学生管教过严,学生家长怒气冲冲来校表示严重的抗议。这位教师面对这样气势汹汹的家长,只有赔上笑脸,频频道歉,并表示一定会改进。待这位家长回去之后,他马上把这位学生从第一排调到最后面、最角落的位置,从此以后这位学生是好、是坏,上课懂不懂,作业交不交,这位教师再也不去管他,就把这位学生当作不存在一般,任他自生自灭。

当然这是很不好的范例,但是却从这个案例中可以感受到学生家长无理地干扰,的确会严重打击教师的教学士气。有些家长还更过分,要求教师下跪认错,或向学生道歉,像这种情形都会促使师生伦理与道义的损伤,

23

这真是很可悲的事。

(4)学校与社会之间关系失调。

学校教育一向受到社会各界的重视。一旦校园安全发生状况,尤其是有关学生的问题,第一个和学校关系出现失调现象的就是学生家长。紧接着可能就是接受家长委托的民意代表。有些民意代表基于"为民服务"的理念,经常会给学校带来许多压力和困扰。

再接着就是大众媒体,因为媒体报道的需要,有的时候为了增加新闻卖点,可能会将事件稍做渲染,或添加未经证实的消息,而且新闻标题在遣词用字上,喜做惊人状以提高报道内容的可看性。往往这些无谓的困扰,都会使学校一直处于不安定的状态中。

学校在穷于应付这些事务及人物的时候,若不小心谨慎,往往会得罪许多社会上相关单位、人员而促使学校和社会的关系产生失衡现象,这对学校来说,是相当遗憾的事。

职责与共识

一、校长的职责

校长是学校的首长,是综理校务的领导者。所以对有关校园安全的预防、维护以及危机事件的处理、善后等工作,负有裁示、指挥与督导的责任。

二、学务处(训导处)的职责

在学校的组织形态中,对于校园安全维护及危机处理的业务职掌,虽无相当明显的划分由哪个处室负责,但由于学务处(训导处)综合办理学生各项事务工作,并负责心理辅导、生活辅导、课外活动指导、卫生保健及其他辅导事宜,因此"教育部训委会"基于对校园安全的关怀,经常循着训导系统下达各种安全维护指导。诸如:颁布"加强维护学生安全及校区安宁实施要点"、"加强防止不良少年骚扰学校园区及学生协调执行事项"、"各级学校校园安全改进方案"等相关规定,以及出版生动活泼的《学生安全手册》、《学生意外事故处理手册》等读物,这些指导性的文件、手册一再期许学务处(训导处)能妥善规划并执行校园安全工作,因此各级学校在业务运作上,都将安全教育、偶发事件及危机事件的处理权责划归给学务处(训导处),学务处(训导处)也就成为维护校园安全的主要业务单位了。

三、各处室的职责

目前校园安全的业务,主要以学务处(训导处)为主导,但是校园安全并不是单纯的只有学生问题而已,它包含的范围非常广泛,包括学校设备、设施的保管、维护、维修等安全问题,工程、工地的安全措施,学生学习、身心、生活等障碍,教师的教学态度、研究精神,学校的政策方针、课程设计等,这么庞杂的问题,绝非学务处(训导处)一个处室所能负担得了的。依据"教育部"1992年"各级学校校园安全改进方案"中的规定,训导处(学务处)、教务处、总务处、会计室、人事室等单位应由校长担任召集人,组成校园安全会报,负责学校安全维护工作。若遇重大偶发紧急事件,则由校长召集训导处、总务处、教务处三处主管组成处理小组应变。因此,各处室依其业务职掌,皆有其应该负的责任,举例来说:

某校在进行教室顶楼施工的时候,砖石竟然砸穿二楼,伤及在上课的学生。像这样学校工程的安全问题,总务处就难辞其咎。

某大学有一位男教授有一天突向学校指称女学生对他性骚扰。另有一所大学男教授则是公然在课堂上对学生性骚扰。后来经查证,竟然都是罹患精神病的教师。像这样不适任的教师,若人事单位不能适时处理的话,就等于在校园中存放了一颗不定时的炸弹,谁也不知道炸弹何时会引爆,而危害校园安全。

四、职员、工友的责任

某校美术系因为必修课程安排有疏失,导致学生罢课,并要求撤换系主任。像这样的问题,教务处可能就必须做深入的检讨,并且和学务处配合处理,最后由校长作出裁决。

除了以上所举的例子之外,学生的心理、情绪等问题,也是校园安全的重要因素。

由于青少年学生的身心发展均未成熟,在面临纷至沓来的各种问题、挑战时,他们时常深感焦虑与彷徨,以至于会产生诸多不适应的行为,如:(1)外向性行为问题;(2)内向性行为问题;(3)学业适应问题;(4)偏差癖习;(5)焦虑症候;(6)其他,例如精神病症等问题。这些都需要专业的辅导老师发挥积极的辅导功能,使学生的问题早早消弭于无形。因此除了训导人员之外,辅导中心(室)在学校安全方面,也扮演了极为重要的角色。

五、专任教师的职责

一般专任教师虽然以专业教学为主,但并不是完全置身于学校的各项事务之外。教师应遵守聘约规定,维护校誉;维护学生受教之权益,并辅导或管教学生,导引其适性发展,培养其健全人格。所以全体教师应该有责任共同来维护校园安全。

学校每位职员都有他的特定任务,而每项特定任务无非都是在提供教育资源或支持教育行政,以创造一个美好的教育环境。所以每一位职员的工作效益,对于校园安全都有直接或间接的影响。例如:学校医务人员对于学校师生紧急伤害的急救措施;校警对于门禁管制、校园死角环境,及对特定时刻、地点的巡逻与注意;技工对于水电的管制与维护;工友对于校园环境及学生宿舍的清洁与维护;司机对于校车的行车安全……几乎每一位职员都和校园安全关系密切。

六、家庭的责任

家庭是每一个人成长与学习的根据地与出发点,也是每个人在外面遭遇到挫折、伤害的加油站和最后的庇护所。所以家庭的健全经营,是孩子们稳定成长的基石。那么父母应该扮演什么样的角色,才能保证孩子们在学校里安全、快乐地学习呢?

1. 教育家

在课业上,要时时关切孩子的学习能力、学习进度及学习效果。

在人际关系上,要教导孩子尊师重道、友爱同学、自我谦虚、懂得礼貌和尊重别人。能够有雅量去欣赏、赞美同学的优点,也能够包容同学的缺点。同学之间应该相互关怀,不宜随意批评,或乱传话惹是生非。

在生活上,要求其遵守学校规范,听从师长指导,不能流里流气,惹人生厌。

在健康上,要注意孩子的正常发育。孩子过于瘦弱,可能成为被欺负的对象;过于肥胖,可能成为被取笑的对象。另外也应该适时提醒孩子注意烟害、毒害,以免孩子沾染后无法自拔。

在心理上,要培养孩子的自信心和勇气以及必要的正义感,使孩子不会轻易地被激怒或恐吓,同时要勇于揭发罪恶,使学生的不良行为不至于永远躲在校园的阴暗面。

2. 偶像

以身作则,在言行举止上能够表现出成熟、稳重、高雅、大方,成为孩子们学习最贴切和最接近的模仿对象。

3. 观护者

要经常注意孩子们的行为是否异常,例如:零用钱的消费和支出是否正常?其流向如何?同学之间的交往是否正常?是否有不愿人知的交往导向？为什么有时欢乐、有时消沉,是否有难言之隐？诸如此类的事要随时注意并给予关怀。

4. 倾听者

要维持良好的亲子关系,孩子有事才会告诉父母,而父母在和孩子对话时,只有用心地倾听孩子的问题及孩子的感受,才能及时发现问题,并做适当地处理。

5. 守护神

某中学发生性骚扰事件后,有位受害者的家长慨叹:"有能力生她,却没有能力保护她。"因此父母必须告诉孩子若在学校遭受欺侮、殴打或是恐吓勒索时,一定要让父母亲知道,而且父母在倾听孩子的诉说之后,要仔细判断是非曲直。若是孩子受了委屈或伤害,应该尽快协同学校相关人员,寻求理性、平和的解决之道,以免事件继续存在或恶化。

6. 义工、服务员

父母除了在家庭中扮演着各种不同角色以协助孩子成长之外,若尚有余暇亦可担任学校义工。例如:义工妈妈,协助学生上下学之交通安全维护;义工家长,协助学校巡视社区,并劝导学生勿涉足不良场所;或成为学校的补充力量,协助学校调解纠纷等事宜。

父母除了要协助孩子们的学习与成长,使其不至于沦为校园安全的牺牲品。同时更要防范自己的孩子成为加害其他学生的校园暴力者,因此经营一个春风旭日的和乐家庭,使孩子有个健全人格发展的环境,是孩子免于成为暴力犯的最佳免疫体。

根据专家研究,婚姻暴力会衍生家庭暴力。而生长在婚姻暴力或经常受虐的环境中的孩子,其人格特质与个性均会异于正常,而具有较高的暴力倾向。当孩子们把这些暴力的基因带到校园宣泄之后,就成了校园暴力的根源。所以家庭暴力间接地影响校园暴力的存在。

另外,家长价值观的扭曲会使其成为校园中直接的暴力者。有些家长过于溺爱孩子,在对学校、教师惩处孩子的规范、动机、方式,以及师生冲突的原因,都未深入了解之前,只从孩子的片面之词,就妄加臆测、推断,而愤怒、莽撞地直奔学校找校长、教师理论,甚至直接以暴力方式讨回公道,或诉诸法律进行诉讼。

　　某小学一位导师被该班一位女学生向家长控诉性骚扰。第二天,学生家长到校理论,见到导师后,尚未问明原因就出手殴伤导师,从而引发导师和家长互控伤害及妨害风化。

　　某校一位导师在多次要求学生剪发无效后,用电动剃刀将学生头发从中剃出一道痕迹。学生家长怒气冲天,第二天也带着剃刀到校,见到该名导师,即出手用剃刀剃掉导师的头发。

　　某校一位训导人员在管教学生的时候,踢了一位学生的屁股,而这名学生家长,正是黑社会的角头,第二天就带着几位兄弟到校欲找这位训导人员算账。在没找着之后,就放话以后每天早上都将到校门口"堵"他,吓得这位训导人员多日不敢到校。

　　像这种情形,孩子无形中从错误的示范中混淆了价值观,不但无助于正常的学习,反而更增添校园暴戾之气。

七、社会的责任

　　教育不是单纯地指学校教育而已,其中家庭教育和社会教育更是教育中非常重要的环节。从教育的观点来看,学校、家庭、社会教育都与校园安全息息相关。但是,我们看看社会教育、社会风气,以及社会的价值观到底给了学子们什么呢?

　　1. 升学主义造成了中学生的挫折感。

　　2. 媒体对色情及暴力的夸张报道,助长了恶质文化及暴力模仿之风。

　　3. 社会结构的转变,使得人情淡薄,而疏离感却逐渐在你、我之间滋长;社会的冷漠,使得谁也不信任谁,谁也不关心谁,于是暴力、冲突,似乎是正常且司空见惯的事。

　　4. 流行文化深深地影响青少年的心理机能。一句"只要我喜欢,有什么不可以"所造成的心理风暴,谁能够抵挡得了呢?

　　5. 权威结构的解体,促使公权力难以施展。于是青年学生们往往把自己的叛逆行为视为向权威力量的挑战与突破,从而迷失于错误的自我肯定中。

　　6. 你、我的轻忽,而污染了孩子的心。看看我们的周遭:民主殿堂上的谩骂、扭打;抗议行动中丢掷鸡蛋、交通围堵、殴打警员;家中的煽情杂志、锁码频道以及乱闯红灯、开上路肩。不要以为这没啥大不了的,甚至以为这是大人的世界,但在孩子们小小的心灵里,我们难道真的不了解他们的触动吗?社会的病对孩子的传染力是非常快速和直接的,我们能不省思警惕吗?

所以在探讨校园问题时,社会的影响是非常重要的。

八、全校教职员工的共识

检视整个校园安全的问题,我们可以发现:

1. 从幼儿园到大学院校,任何一种类型的学校都可能发生校园安全问题。

2. 无论是学生、教师、学校行政主管还是学生家长、社会人士等,都有可能直接或间接影响校园安全。

3. 学校安全有隐忧性。例如:忧郁症、精神病患、自我伤害等;有突发性。例如:师生冲突、学生群殴等。这些事件无论在校内、校外、白天、夜晚都有可能发生。

像这样人人、时时、处处都可能引爆的校园"炸弹",全体教职员工应该有以下共识:

1. 校园安全人人有责

校园安全绝对不是哪个处室或是哪个教师单独而特定的任务,而是全体师生员工共同的责任。人人都应该注意和防范,人人都应该勇于维护与处理。每个人都是这部校园机器正常运转的一部分,任何一个部位,甚至一颗小螺丝钉发生故障,都会使这部机器发生严重的故障。

有一次,一位教授抱怨学校教学楼旁边停了许多学生的脚踏车,造成通行不便。抱怨了许多之后,另一位同仁就建议他,是否帮忙劝导学生把车子摆整齐一点,留一条通路出来,该教授却说:"我为什么要做坏人,这不是我的事。"

假如每一位教师都认为个人的教育职责,只是在传授专业知识而已,其他的校园事务一概与己无关的话,那么即使所有的训辅人员和教官们,倾其所有的时间和精力,我想也没有办法去应付人人、时时、处处都存在的校园危机。所以学校的每一位成员,都应该有着命运共同体的认知,体认校园安全必须大家共同来维护,这样所有的教师才能有美好的研究和教学环境;职员们才能有良好安全的工作环境;而学生们也才能有健全、安定的学习环境。

2. 校园安全无法重来

校园安全一旦出了问题,则学校的校誉、校风、财务,以及师生员工们都可能受到相当大的伤害。这些伤害小则引起学校骚动,大则形成无法弥补的创伤。而这些骚动和创伤必然是学校正常教育无法恢复的痛,而这个痛却要学校师生长时间来背负,实在令人遗憾。

虽然校园安全的维护,无法立竿见影,但是宁愿百日不用兵,却不可一日无兵备,否则一旦危机来袭,恐怕全校师生只能坐以待毙,任凭危机肆虐而一筹莫展。

校园安全预防工作

校园安全维护最重要的就是预防工作。假如把校园拟化成一个人来看的话,预防工作就好比一个人经常运动,并懂得做好身体保健。由于身体健康,精神焕发,免疫系统增强,病菌就不容易侵袭,即使病菌侵入,由于抵抗力强,也不至于造成很大的伤害。

校园安全的预防工作,学务处(训导处)、总务处及辅导中心(辅导室)三处室占有相当的比重。除此之外,全体师生必须共同经营一个无安全顾虑的校园环境,现就各方面的预防工作做重点概述如下:

一、学务处(训导处)的预防工作

1. 成立校园安全维护会报

(1)会报成员:各处室主管。

(2)召集人:由校长亲任或委请学务长(训导主任)担任。

(3)会报特性:编组成员涵盖面广,而且注重安全预防的平时性、定期性、整体性和全面性。

(4)会报任务:以平时的安全维护为重点。

（5）定期的会报内容应包括下列事项：

①各单位安全维护检查报告。

每个单位都有特定的责任范围，就其责任范围内的安全状况，应做综合的检讨报告。例如：学务处可就近期内学生所发生的安全事故提出统计、分析及改进措施或建议；总务处可就校园内的建筑物，提出保养、维修、堪用状况或就校园工程说明安全措施及注意事项等，使校长及相关人员了解，并谋求防范、改进的措施。

②特定安全事项检讨报告。

针对某一特定事务或人员，例如：某位不良适应的学生，某位不适任的老师，某个特定场所的安全问题等，提出研讨，以谋求对策。

③相关支援单位的协调、联系状况。

安全维护会报视需要邀请地区相关支持单位，例如：警政机关、消防大队、家长会、校友会等单位列席。会中可就相关支援事项进行沟通、协调，并彼此联系情感，建立良好关系。

2. 成立危机处理小组

（1）小组成员：学务长（训导主任）、教务长（教务主任）、总务长（总务主任）、生活辅导组长（生活教育组长）、辅导中心主任（辅导室主任）、军训室主任（总教官）等人，宜列为主要成员，可依学校特性及需要，增列必要人员。另依案情及任务需要请危机事件当事人的任课老师、教官、导师、医护人员参加研讨处理，必要时委聘法律专家、顾问处理有关法律问题。

（2）召集人：由校长亲任，或可委请学务长（训导主任）担任。

（3）小组特性：要有紧急动员能力，并如部队中的快速反应部队一般，可迅速投入危机状态中，有效处理危机事件。

（4）小组任务：当校园发生紧急、突发、偶发、特殊及重大灾害事件时，应尽快处理，使学校能于最短时间内脱离危机。

（5）介入时机：校园危机发生前后，小组成员依校长指示或视事件发展的必要性，主动采取必要措施。如需要集体商议，则迅速请校长核定后实施。

（6）小组职责：

①评估状况，并研讨处理原则与方法。

②指导、分配学校相关单位、人员的任务，并督导其执行。

③指定相关业务单位完成报告（记录），并通知当事人亲属。

④评估结果，并决议是否结案。

⑤负责协调、联络新闻界及新闻发布。

⑥将事件处理情形陈送相关、必要单位。

基本上安全维护会报也可以权充危机处理小组，危机事件预警性短、机动性高、时效性急，因此从安全维护会报中，另行指定少数特定人员再行编成危机处理小组，以专责危机事件的处理，如此在运作上会比较灵活、迅速。

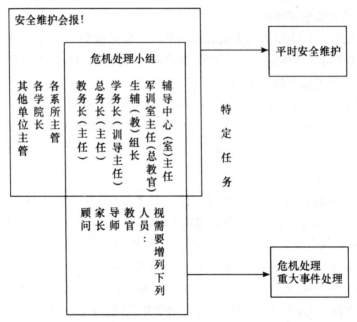

安全维护会报与危机处理小组编组

3. 设定危机处理作业要点

(1)制定作业流程。

①警讯:说明各类型灾难(危机)种类及应注意的事项。

②接案:规定学校接案单位。

优先接案单位:依灾难(危机)种类及严重程度规定优先接案单位,方能依事务性质及事务权责,做妥善处理。一般而言,凡是灾难现象已超出学校所能处理的能力——例如重大的火灾、严重的凶杀等,宜优先报请警

察、消防等单位处理,除此之外,各类事件优先接案单位应该是:

自然灾害——总务处

学生事务——学务处(训导处)

学生心理——辅导中心(辅导室)

其他事务——相关单位

统一接案的单位:由于学务处(训导室)综合处理学生事务及安全的工作,因此学务处(训导室、教官室)可列为统一接案的单位。

③处理:说明处理步骤及行动要领。

紧急处理:规定接案单位(人员)行动要领。

优先通知何人处理?

优先处理何事?

如何实施紧急救援及防护?

协调联系:规划相关单位的联络方式、协商要领及协同处理原则。

分类建档:规定相关单位资料搜集、档案建立及处理原则。

④结案:

评估结果后结案。

由相关业管单位完成报告(记录)并通知当事人亲属。

必要时撰写新闻稿,主动联系新闻单位发布新闻。

向上级报告事件处理经过。

(2)规定商请警、情、检、调单位支持校园安全事件时理应由学校自行处理为要,但因学校能力有限,无法承担所有事件的处理工作,故应事先建立共识,并商定其他相关单位的支持时机,方能应对学校的重大事件。原则上出现下列状况可考虑寻求相关单位的支援:

①有关自然灾害、意外事故、犯罪案件、自伤事件等紧急危机事件,若无警察、消防、医疗等单位前来协助,学校无法有效抢救伤患、维护学校财物以及校园安全时。

②非学校师生员工,在校区内非法聚众、集会抗争时。

(3)学校师生员工有非法的行为,或在校区内聚众、集会抗争、罢课、滋事等,有下列情形时:

非法行为经警、情、检、调等单位调查属实,经该单位持搜捕令来校和有关单位协商过后。

有危害学校师生员工的人身安全的征兆。

有破坏学校财物的征兆。

严重干扰学校大部分师生员工的出入、上课及正常作息。

（3）制定集会活动安全注意事项。

为提高师生警觉，并加强维护师生集会、活动之安全，办理各项集会、活动的负责单位，应就活动特性及活动地点应注意的安全维护事项，于活动展开之前，向与会人员详细说明，使与会人员都能知晓本次集会、活动在突遭灾难时的避难措施。

有关安全注意事项应说明下列要点：

①指定紧急疏散指挥人员：学校各项集会、活动应事先指定紧急指挥人员。通常可由教官担任，或由该项集会、活动负责人自行担任。

②紧急疏散方向。

③安全设备的放置地点及使用说明。

④紧急防护措施。

⑤其他相关安全事项。

4. 建立各单位、人员的紧急联络单

（1）学校各单位、办公室电话及教职员家中地址、电话。

（2）学生家长及其亲朋好友的地址、电话。

（3）社区相关单位——校友会、家长会、警察局、消防队、医疗单位的地址、电话。

（4）救难机构的地址、电话。

（5）地区相关学校。

（6）社区服务机构。

（7）生命线。

（8）大众传播媒体。

（9）台湾省各县市学生校外会地址及"全国学生校外服务专线电话"——全国教官服务全国学生电话。

本项措施除了各校教官值勤室可接受服务之外，台湾省"教育厅"在各县市均设有联络处，联络处是"教育厅"驻区督学、军训督导及其助理（军训教官担任)的办公地点,该办公室设有服务专线,为学生提供服务。

以上所列之紧急联络地址及电话均应建立,并存放、张贴于警卫室、教官值勤室或学务处(训导处)等明显地点。

5. 做好安全教育宣传

学校应利用各种集会及适当时机,加强各项安全教育及宣传:

(1)法律常识。

(2)交通安全。

(3)旅游、游泳、登山、郊游、参观教学等户外活动安全。

(4)火灾、地震……安全须知,并定期实施灾害防护演练。

(5)毒害、烟害及酗酒、嚼槟榔的害处。

(6)两性关系的正确认识。

(7)女生防暴安全须知,必要时可请警察或学校教官教导女生防身术。

(8)其他有关的安全常识。

6. 指导学生校外活动的安全防范工作

学校办理校外教学、旅游参观、毕业旅行、社团活动等活动时,各相关单位应做下列指导及安全防范:

(1)要有详细的活动计划。

(2)对活动地点事先要有充分地了解,或做实地地调查。

(3)让有经验的教职员担任领队或随行人员。

(4)参与人员应做妥善的编组,每一组均须有负责人员,以便能掌握人数而不至于有人脱队、掉队,同时也可有效指导学生活动,并可随时了解学生异状,迅速处理。

(5)活动出发前,应让学校相关单位了解出发时间、地点、参加人员及返回时间。返回后,也应向学校汇报,这样做可以让学校能随时了解活动状况,并可警觉到未能按时返回的团体是否发生意外,并可尽快采取抢救措施(尤其是登山活动)。

(6)要有妥善的安全预防措施:

①事先提醒参与人员个人应携带的物品,例如:重要证件、御寒衣物等。

②团体应携带的物品,例如:急救箱、扩音器、哨子、打火机、火种、无线

电(登山)、紧急联络电话号码等。

③安全注意事项:出发前应针对活动全程,提醒所有参与人员应注意的安全事项及紧急处理措施。

④对于路程、交通工具、驾驶人员的选择,应确实遵照"教育部"所颁发的"学生乘坐汽车集体旅行遵守事项"办理,若需委托旅行社代办,亦应遵照"交通部"所颁发的"旅行业承办各级学校学生毕业旅行或旅游应注意办理事项"办理。

7. 加强学生校外生活辅导

(1)辅导范围。

学生校外生活辅导所包括的范围极为广泛,大致上有下列几项:

①学校指导的校外活动。例如:教学观摩、毕业旅游等具有参观学习目的的活动;以及学生上下学、校外住宿、打工等生活化的活动两大类。

②参与民间团体举办的活动。例如救国团、四健会、宗教活动等。

③同学、家庭或个人自主性的活动。例如:郊游、登山、游泳等。

④一般性的生活活动。例如:去电影院、溜冰、到 KTV 唱歌、逛电动玩具店等。

(2)辅导目的。

①积极的目的:

培养健康生活,促进人格发展。

提倡正当休闲,充实校外生活。

②消极的目的:

防止不良行为的发生。

预防意外事件的发生。

(3)辅导措施。

①积极方面:

主动举办各类活动。

鼓励并指导学生参与正当休闲活动。

指导学生举办各项活动。

推荐好书、好电影,好的休闲、活动地点。

②消极方面:

做好安全宣传:除了一般性的口述教育之外,可印制地震、火灾逃生须知,假期生活须知,打工注意须知等资料,供学生参考。

防止学生进入不良场所。配合警方的"旭日专案",或安排校外巡查人员实施定期及不定期校外巡查。

加强校外访问:包括家庭访问及校外住宿访问。

8. 加强学生生活教育

学生的不良行为大部分来自不良的生活习惯,因此宜从生活教育中培育学生健全的认知与行为。

(1)谦恭有礼的待人态度。

(2)健康身心的均衡发展。

(3)善良正义的高尚品格。

(4)正确远大的人生抱负。

(5)知法守法的民主习惯。

(6)奋斗进取的服务精神。

(7)增进工作的基本能力。

(8)礼乐相交的正当休闲。

只有灵活性的生活教育,才是剔除不良行为的根本教育,因此宜制定各项具体规范,指导全校师生共同努力:

(1)老师以身作则,并从日常食、衣、住、行、育、乐的生活中,辅导学生遂行之。

(2)制定简明易行的行为规范,并辅导学生遵守。

(3)积极辅导学生的自治组织,使学生能发挥主动、自治及服务精神。

(4)健全"学生荣誉制度"以树立学生高度的荣誉心与责任感。

9. 建立申诉制度

为了开辟学生申诉渠道,确保学生合法权益,并公平、公正处理学生申诉问题,各级学校宜建立学生申诉制度。

(1)组织:设学生申诉委员会。委员会成员宜由教师代表、校友代表及学生代表共同组成。

(2)申诉范围:

①有关学生个人的生活、学业、人际关系等奖惩事项,认为处置不当,

影响其权益者,均可提出申诉。

②有关"两性问题"的申诉案件,是否在此委员会中接案处理,或组成专案小组处理,宜商定清楚。

(3)处理程序:

①规定受理单位:受理单位最好能摆脱学务处(训导处),否则会有"球员兼裁判"之嫌。

②规定处理时限:学生提出申请应以十日为限,学校审理期限以不超过六十日为限。

③制定申诉案件申请书的格式及内容。

④说明各种情况的处理方式。

(4)处理原则:说明委员会的召开、程序、保密及辅导原则。

(5)评议效力:说明委员会评议的权责及效力。

10. 预防青少年犯罪

当前青少年犯罪情形,最为严重的罪名项目是滥用药物、盗窃罪、盗匪罪及伤害罪。而且青少年的犯罪增长率非常快速,年龄层有逐渐下降的趋势。因此学校应研拟具体的防范措施,例如:

(1)训辅人员及教官、导师应主动搜寻情绪不稳、存在学习障碍及行为偏差的学生,适时给予辅导,并进行追踪诊治,以预防其行为脱轨。

(2)开辟信息渠道,随时了解学生动态,方能见微知著,有效预防犯罪。

(3)无论是上课或下课时间,应规划巡堂措施,尤其是初高中学校。

(4)随时掌握校园死角的状态,以防止学生斗殴、欺凌,以及不良分子的侵入、骚扰等。例如台中县潭秀国中在校内装设了两个"电眼系统",以掌握校园状况。在大操场部分有一台自动扫描的电子摄像机与警卫室连接,警卫人员二十四小时都能了解操场状况;另一系统是在教学大楼装设了九个电子摄像机,由训导处掌控,以了解学生的动态。

(5)有效开拓人力资源,建立校园安全助力:

①警察单位。

②医疗单位。

③地方士绅、民意代表。

④其他相关单位。

(6)密切与警察单位保持联系,并协请维护下列安全事宜:

①校园外邻近地区安全的维护。

②设置巡逻箱,以期加强防范措施。

③学生租赁处的巡逻、访问,以维护"学生社区"的安全。

④对已经结交不良少年,经学校通报勒令退学、休学的学生,协请清查过滤,以防范其不良行为。

⑤校园发生紧急事件时,协请支持救助。

(7)积极推动"朝阳专案"、"璞玉专案"、"携手计划"、"春晖专案"。

11. 加强宿舍安全管理

宿舍是学生及部分单身教师的重要生活区。宿舍若无严格的管理措施,则容易发生学生偷窃、赌博、用电不当而引发火灾等事件。若门禁管制不当则易使不良分子侵入骚扰、破坏,而影响住宿安全。因此应加强学生宿舍的安全管理,制定管理辅导注意事项,并设有专人负责,强化门禁管制及生活辅导,对于女学生及女性单身教职员宜优先提供住宿,以保障其安全。

12. 强化校外寄宿生的辅导

由于学校宿舍不足,或因学生不愿在校居住,学生在校外租赁住宿的情形非常普遍。

就一般调查发现,学生在外租赁可能发生的问题有:

(1)和房东或邻居发生纠纷,纠纷原因可概括如下:

①合约不详。

②租金昂贵、涨价。

③未如期付房租。

④破坏租赁处设备。

⑤在租赁处喧哗、吵闹、打牌、开舞会等。

⑥男女同居。

(2)社区环境不良、龙蛇混杂,从而有歹徒入侵、"色狼"骚扰等安全顾虑。

(3)长期脱离父母、学校的监护,缺乏对安全的警觉性。

针对上述情形,学校应有积极的辅导作为,诸如:

（1）制定完善的学生校外租赁辅导计划。

（2）成立学生住宿租赁服务中心，适当辅导学生，并提供下列服务：

①房屋租赁资讯。

②签约辅导。

③纠纷调处。

（3）建立名册、定期查访。

（4）主动召开房东会议。

（5）定期举办在外住宿生代表座谈会。

通过以上辅导措施，可以协助学生，了解学生租赁情形，以确保学生校外住宿的安全与品质。

二、辅导中心（辅导室）的预防工作

1. 主动辅导学生

学生问题的辅导，绝对不能守株待兔，必须主动寻找需要帮助的学生。

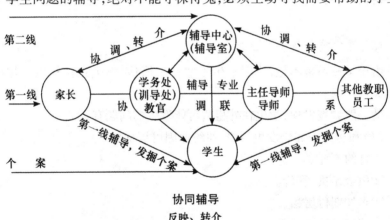

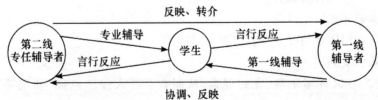

交织辅导

一般而言，学生的不良适应行为包括：不服管教、打架斗殴、参加不良组织、勒索、逃学、偷窃、作弊、滥用药物、吸烟、精神疾病等,这些学生中主动踏进辅导中心(辅导室)求助的实例可能不多。至于孤僻行为、人际关系的困扰、情绪困扰、青春期的焦虑、课业问题、两性关系的偏差观念和行为等,想要求助于学校,恐怕也会因为害羞及自尊等心理因素,而徘徊在两难间,提不起勇气踏进辅导中心(辅导室)寻找辅导人员的帮助。因此辅导中心(辅导室)除了安排宣传工作、心理测验服务、举办心理卫生专题讲座、辅导工作座谈、设置专栏信箱等重点工作之外,更应积极地找出有困难的学生,并建立资料,主动联系与辅导,同时针对个案,聘请合适的辅导老师给予必要的协助。

2. 展开协同辅导

学生问题的辅导工作,虽由辅导中心(辅导室)负主要责任,但面对全校几千名学生,若要完全依赖辅导中心(辅导室),恐怕力有未逮,更何况辅导工作是全校教职员工共同的责任,因此协同辅导就显得格外重要。

基本上,家长、导师、教官及学生的同学们,都是协同辅导最佳的人选。这些人员可以担任第一线的工作者,并扮演下列角色:

(1)发现者。

由于他们都是与辅导个案最接近的人员,所以第一个发现学生问题的,几乎都是这些人员。假如他们站在辅导工作的第一线,负责把需要协助和辅导的个案找出来,就辅导工作而言,可达事半功倍的效果。

(2)辅导者。

当第一线发现者搜寻到不良适应的学生时,应该及时伸出温暖和关怀的双手来帮助他。如果学生的问题不大,在给予适度地开导和协助之后,也许学生的障碍或困扰就可以获得解决。如果可以在第一线即能辅导完成的话,也能减轻第二线辅导工作者的负担。

(3)转介者。

不良适应的学生经过第一线的辅导之后,如果其障碍极大,不是第一线工作者基本的辅导知能所能处理得好的,这个时候应尽快转介到第二线——辅导中心(辅导室)寻求专业辅导人员的协助。

(4)资讯提供者。

辅导个案经转介之后,应将个案的资料提供给辅导中心(辅导室)参考,所有协同辅导人员在转介后的辅导过程中,应保持密切联系,并持续提供个案转化资讯,使辅导中心(辅导室)能有充分的信息以对症下药。

辅导中心(辅导室)在接案之后,应尽快就个案状况寻求合适的辅导人员处理之,并在辅导期间、辅导完成以及实施追踪辅导中,持续和第一线工作者保持密切的联系,使相关单位及人员都能了解辅导个案的转化情形。只有这样,才能在持续的辅导过程中,彼此能相互提供必要的信息,并给予个案必要的协助,以形成交织辅导的形态,使个案在绵密的辅导网中,有效接受协同辅导的帮助。

3. 建立紧急个案处理办法

辅导中心(辅导室)对于紧急个案的协助,可以解除可能发生的危机,因此宜制定"紧急个案处理办法"使紧急个案及时转介(咨询),在最短时间内获得处理。

紧急个案处理办法宜规定下列几项要点:

(1)成立紧急个案处理小组。

①成员:由辅导中心(辅导室)邀请下列人员组成之:

辅导中心(辅导室)专任辅导老师。

具备紧急个案处理专业经验及熟悉行政流程的兼任辅导教师。

②特定任务:小组人员在发现个案时,得接受打扰,如:终止个别晤谈、停止上课或临时到校加班。

(2)规定接案程序。

辅导中心(辅导室)在接到紧急个案的转介(咨询)时:

①优先接案人员:

即刻通知当时没有接案的小组成员。

若小组成员当时均在会谈,则通知其中一位成员,以处理紧急个案。

若小组成员均不在辅导中心或不在校时:

先通知辅导中心(辅导室)主任处理。

次通知离校最近的专任教师或兼任辅导教师来校处理。

紧急个案为心理、精神状态异常者,通知接案人员顺序为:

具临床经验者

↓

主任

↓

专任辅导教师

↓

兼任辅导教师

紧急个案涉及与学校的行政相关者,通知接案人员顺序为:

主任

↓

专任辅导教师

↓

兼任辅导教师

②接案的小组成员若时间允许,最好与另一位成员讨论处理程序;若时间紧迫,接案成员于情势缓和时,必须至少与一位成员讨论。

(3)确立紧急个案种类。

紧急个案种类包括:

①有自杀(伤)倾向者。

②有精神疾病者。

③有攻击倾向者。

④有骚扰行为者。

⑤情绪激动失控者。

⑥涉及刑事或民事事件者。

(4)制订处理原则。

对于各种紧急个案种类可能发生的状况,宜预先制定措施,提供处理成员依循的规则及方向,以免事发突然,难以应对。

(5)订立处理流程。

紧急个案在求助时,对于可能牵涉的对象及应有的程序,宜制定流程,以协助处理人员的辅导思维。

①求助方式。

②求助对象所在地点。

③求助对象的分类。

④主要症状。

⑤相关状况。

⑥应通知对象。

⑦与相关单位协调。

⑧处理程序与策略。

4. 举办教师辅导知能研习

从1968年"教育部"修正颁布的"生活教育实施方案"及至1979年颁发的"大专院校推展学生辅导工作注意事项",以及1980年"行政院"核定修正的"加强学校青年辅导工作实施要点"到最近公布的"教师法"中,都一再强调"全校教师共负辅导之责"。"军训处"于1987年颁发的"辅导学生的基本观念要领"中,也提及"学生生活辅导是训导工作的重点,亦为军训的重要一环……凡我全体军训同仁,均悉精研辅导理论与方法,勤于接近学生、了解学生、帮助学生,以达成辅导目标"。

从以上的明文规定中,我们了解到,学生辅导工作是全体教师、教官共同的责任。所以辅导技能绝对不是专业的辅导教师才需要,而是学校里所有的教师、教官都应该具备的技能。因此辅导中心(辅导室)应充分发挥其推广功能,适时举办一般教师、导师、教官的辅导知能研习活动,或办理座谈及个案研讨活动,从而导正并增进一般家长、教师和学生的辅导观念,以扩展辅导效果。

三、总务处的预防工作

1. 确保校园设施、设备的安全

(1)对于校园建筑物的安全、消防安全系统、教学设施及电话、警铃、路灯、门锁、栏杆、围墙等校园安全相关设备,应于寒暑假或自然灾害发生前后,定期或不定期检修。

(2)校园死角、有安全顾虑的地区、校园工程地点,均应加装各项安全防护措施及警告标语,以提醒师生安全警觉。

(3)明示各项设施、设备的操作运转使用说明及注意事项,务求有效防止意外事故发生。

2. 维护校园环境卫生

(1)为防止校园滋生蚊虫、病毒,应定期或不定期喷洒消毒药水,以维护师生健康。

(2)学校的餐饮状况,无论是订购便当,或校内的餐饮营业,都需要有完善的卫生管理办法,例如:食品采样备查、餐饮设备定期清洁和检查、餐饮工作人员的卫生要求及定期健康检查、饮用水的定期检查等,膳食委员会及相关业务单位,都应详加规划,并积极发挥监督、指导的功能。

3. 加强门禁管制

(1)在不影响教学及安全的原则下,明确校园开放时间及限制条件,有效规范校外人士进入校园。

(2)教职员工进入校园,宜有适当的识别标志以资辨识。

(3)各类车辆及停车场所,应周密规划,并注意交通安全。

4. 强化学校驻卫警功能

(1)学校应确实遵照"行政院"颁布的"各机关学校团体驻卫警察设置管理办法"设置驻卫警,以维护校园秩序及师生人身、校园财物的安全。

(2)学校应定期实施驻卫警的专业技能训练,使其熟悉法规及工作处理要领,确实负起维护校园安全的责任。

(3)增编经费,加强驻卫警执勤工具。

(4)校区辽阔的学校,斟酌实际需要,由学校提供交通工具,加强巡逻。

(5)驻卫警应经常性地主动与地区警察人员保持联系,并提供校园安全状况供其参考。

5. 落实防护团之编组与功能

学校防护团也可应用于平时重大灾难的救援任务。因此宜充实防护团各项任务编组所需的器材和装备,并储存于特定地点,存放位置须以便于迅速取用为原则。各项任务编组运用于灾难救援时的特定任务:

(1)防护班:负责师生员工的疏散与避难及门禁、交通的管制。

(2)消防班:负责火灾抢救事宜。

(3)救护班:

①开设临时医疗急救站。

②负责伤患急救及转送,并与附近医疗单位联络协调。

(4)修护班:负责水、电等灾害的抢救、抢修。

四、全体师生共同性的预防工作

1. 建立安全警觉性

《孙子兵法·九变篇》中说:"无恃其不来,恃吾有以待之。"这句话很明确地告诉我们,不要侥幸地以为危险不会降临,因此就毫不提防,我们应该常保一颗防患于未然的警觉心,才不会临危慌乱,或在遭遇危险时蒙受重大损伤。犹如下列事项,你曾留意过吗?

我们是否曾注意过学校里什么地方有消火栓?什么位置挂着灭火器?灭火器的药剂过期了没有?大楼的缓降机放在什么地方?这些安全器材又该如何使用?

学校教室、活动中心、会议场所,我都知道逃生路线吗?

进入餐厅、KTV等公共场所,我会先看看安全门以及紧急避难方向和路线吗?我会选择一个安全的场所或位置吗?

对于防火、地震,我都有基本的逃生知能吗?

我具有基本的急救医疗常识吗?

这些问题看似杞人忧天,但是事前的疏忽之因,往往都是事后后悔之果。

搭乘飞机的时候,我们可以发现,每一班飞机起飞后,机组人员总会亲切地告诉你各项安全事项。不管你有没有搭过飞机,也不管你是否因为搭过无数次的飞机,对于飞机上的各种安全规定和安全措施已经非常熟悉了,他们不会疏忽他们的职责,所以每一次搭飞机我们总是要重复听同样的注意安全事项。但是要注意,每一次的提醒都是多一分安全的保障。

教师们经常有机会带学生出去活动,也许是同样的学生、同样的活动、同样的地点,但是在安全措施方面我们是否也给予同样的叮咛呢?

"国立"彰化师范大学为了强化安全宣传,并有效维护师生集会、活动的安全,特规定学校各次的集会、活动,都必须在事前向与会人员说明安全维护注意事项,这就是一种警觉性的做法。

当发现危险的征兆或接收到危险的信息之后，我们是以鸵鸟的心态等待它的消失或任其发展，还是迅速地采取防护措施呢？

有一位军训教官走在街上的时候，突然间发生地震，他很迅速地依照防震要领，以手护头并寻找墙柱掩护自身安全。然而他的警觉和动作不但无法获得路人的认同，反而招致胆小鬼、紧张过度的嘲笑和讥讽，令他对人们安全警觉程度之低而深感遗憾。

2. 经营良好的师生关系

良好的师生关系是营造一个和谐、安详的校园环境的最佳要素。因为良好的师生关系，表示师生之间已经产生了良性的回馈循环系统，学生必然敬重教师的专业技能，并衷心接受教师优良人格的感召，而教师也必然会以教育的大爱点燃学生的生命火焰，使学生能够发现自我、检视自我，并寻获自我，然后从中体验群己关系的重要性。于是他们可以保护自我、并尊重他人的存在。

有了这样良好的师生关系，于是：

师生之间的关系只会愈来愈亲密，绝对不可能发生师生冲突事件。

学生信任老师，于是他愿意向老师吐露心声，并传递校园信息，使老师随时了解校园安全状况，以防微杜渐。

当校园发生安全事件之后，教师勇于负责和学生愿意挺身协助的意愿增高，如此有助于校园安全问题的平息。

良好的师生关系是安定校园的主要力量，所以宜细心地规划，并努力去经营。教师如何去经营良好的师生关系呢？

(1) 要有教育爱。

对自己的选择——教育，要有工作的热诚；对任教的环境要有环境之爱；对于传道、授业、解惑的受教学生要有一颗爱"人"的心。只有把爱布施在这些人、事、物上面，教师的光和热才能完全挥洒出来。

(2) 要知生识生。

第一，教师宜运用学生的基本资料来了解学生的家庭状况、身心状况，以及其社交情形；第二，可以从平日的接触、安排会谈以及从家庭联系中，来观察和探讨学生的言行特征或个别差异，另外宜妥善运用班会时间做好班级经营。假如有特殊个案，教师不妨通过旁敲侧击的方式，或从其他同学身上搜集资料,以深入了解其特殊状况。

（3）善用权威。

教师应树立人格权威和专业权威。人格权威在理念上是"以德化人"，在言行上是"发乎情,止乎礼"。专业权威则是教师本职学能的加强、增进和拓展。教师只有在人格和知识领域上建立权威，才能有效扮演指导学生的角色,并使学生心悦诚服地接受教师的精神感召。

（4）关怀学生、尊重学生。

教师能设身处地地关怀学生,并尊重学生的人格、学生的观点、学生的价值与权利,以及其所有的抉择与所有的潜在能力,是非常重要的。不过切记,要关怀,不要溺爱;要尊重,不要纵容。否则过度的关怀和尊重对学生来说都是一种伤害。

（5）接纳学生、有效地沟通。

爱学生们的一切,不要排斥他们,待完全接纳之后,倘若其中有争议、困惑之处,再把它筛检出来进行沟通。此时应运用教师清晰的语言、幽默感的发挥、理性的分析、感性的说明,和学生进行沟通,必可增进彼此的情感。

（6）主动接近学生。

当学生有困扰的时候,主动去探求造成他们困扰的原因,并积极协助他们探讨各种可能解决问题或满足需求的可行途径。平时则可将教师个人的成长历程和宝贵经验,适度开放给学生,使学生减少错误和失败的机会。

倘若学生举办各项活动,教师应主动参与,以拉近彼此的距离。

（7）注意避免造成师生关系不良的言行。

哪些因素会使师生关系不良呢？根据笔者对学生实施的问卷调查,并经过整理之后,列出如下学生的心声：

教师上课不认真、言语轻佻、尖酸刻薄。

教师无法有效管理自己的情绪,以至于生气时太冲动,乱处罚学生,乱骂人。例如：

白痴、笨蛋、混蛋、猪八戒、败家子、不要脸、不知羞耻、我要放弃你、你无药可救……

教到你们这些社会的败类!

教到你们是我的不幸!

听不懂?听不懂转系!

你永远学不好的!

你一定会作弊!

你考成这样子,倒不如到启智班去上课。

教师误会学生,或用怀疑的眼光看学生。

教师把学生当做犯人看;要求太严苛;管教不当或体罚过分;不理会学生的申诉。

教师实施人身攻击,造成人格伤害。

教师缺乏同情心,沟通不良。

当学生向教师问问题时,教师回答的口气和态度,显得不耐烦。

教师开不起小玩笑。

教师永远自认是对的,学生永远是错的。

教师对学生有偏见,冷嘲热讽,语中带刺。

教师显得骄傲、自负、吹牛、夸大其词,自以为是。

教师很古板、很啰唆。

教师对学生要求太高。

教师以学生的成绩来决定对待学生的态度,尤其特别鄙视功课不好的学生。

对于两性的要求不一。

男教师对女学生性骚扰,或有此倾向。

男女教师在一起打情骂俏。

女教师在课堂上照镜子、化妆、矫揉造作。

教师偏心、有偏见,或以偏概全,只看到一面,就加以指责。

教师言行有缺失时,不敢坦然承认或认错。

教师只会要求别人,不会检讨自己。

教师当众批评、指责、羞辱学生的过失。例:把考卷丢在地上,让学生自己捡。

教师不尊重学生,把私人信件公开至公告栏上;随便翻阅学生私人物件或没收学生东西等。

教师在学生面前骂脏话,或言语粗鲁。

教师不分青红皂白,发现学生不对就骂、就处分。

教师动不动就要挟学生:不及格! 要记过! 要处分!

教师对学生的问早道好,视为理所当然,不但不回应,还视若无睹。

教师不能以身作则,或言行不一。例如:警告学生不可以抽烟、吃槟榔,自己却公然在办公室或教室抽烟、吃槟榔。

教师没有爱心,没有耐心,对学生没有真诚的关怀。

教师上课时:

不准时上、下课。

摆张扑克脸,影响上课情绪。

上课敷衍,没有主题,东拉西扯,不知所云。

听股票行情。

无精打采,问问题不回答,或逃避问题。

偏激的看法、大放厥词。

教师过度放任或专制;过度温顺或不讲理。

教师一意孤行、坚持己见,对于学生的要求及意见,一律拒绝,自我意识过重。

教师对学生做不合理的要求,学生不堪负荷。

教师主动向学生挑衅,或对学生使用言语暴力、思想暴力、肢体暴力。

教师以上对下的口气对学生讲话。

教师只管教书,其他一概不管。

教师品德不良,暗示学生送礼。

教师不原谅学生过错,而且到处宣扬。

教师给学生贴标签,不给学生改过的机会。

教师功利主义、成绩主义,缺乏赞美、欣赏学生其他方面的表现。

教师不踏实,喜做表面工作。

言教却不能身教。

一位学生的打油诗这样描述一些老师:

耻笑功课嘴无情

无尽打骂心难受

沟通不良难上课

错误示范为师难

(8)培养幽默、运用幽默。

如果师生之间希望建立一份温馨、感性、没有压力的师生情谊,那么幽默感是不可缺少的催化剂。把幽默感运用到师生的情感交流、沟通技巧,以及避免冲突的焦点上,能帮助营造一个更充实、更满意的师生关系。幽默像一座桥梁,可缩短师生间的距离,填补彼此间的鸿沟。

幽默不但是建立人际关系不可缺少的媒介,也是实施辅导与增进师生情感的必备条件。因为幽默可以调和严肃的教师身份,消除学生紧张的心情,去除彼此间可能的压力负担,并拉近彼此间的距离,使教师和学生相处时很容易以会心的一笑,溶解冰冷或尴尬的场面。

幽默所营造出的欢笑对于暴戾与冲突能够起到最佳免疫作用。

3. 适度调整教师心态

在当今时代教师应该从过去"重伦常"的辅导方式,重新体认"讲法律"的需求性。必要时仍需以法律规定的权利义务来教导学生,否则在处理学生问题时,本身言行过于逾越的话,恐怕对师生两方面都是一种伤害。

师生之间若属异性关系,则应注意自己的言行,因为学生的认知度、判断力和心智的成长都还不够成熟,一个较关爱的动作都可能造成学生不正确的联想。有位男老师摸摸一位女学生的头,说声:"好乖!"结果这位学生背地里却说:"好色!"所以为师者宜更谨慎地处理个人的言行,过当的肢体语言虽然行者无心,但恐怕受者有意,更何况行为若已达男女间的情爱动作,更属不该,师者能不慎乎?

4. 开辟学生言行宣泄的空间

时代的潮流已经激起了更宽广、更澎湃的民主浪花,所以学校对于学生思想、言论、情绪以及体能的疏导,应该给予更大的宣泄空间。目前大专院校都设有民主墙,让学生有言论和表达的机会,然而初高中是否也可以比照办理?

云林县台西国中设有"青春留言板",让学生可以在一大块黑板上抒发意见,表达对学校和老师的建议。由于辅导得宜,而且方式温馨、平和,所以实施以来效果很好,学生认为增加了很多沟通的机会,这是值得参考的做法。

除了言论的空间之外,青少年的体力、精力旺盛,所以活动场所和活动设施都要增设。笔者在云林县校外会担任军训督导的时候,就经常动员全县的军训教官、护理老师和康辅人员举办寓教于乐的青少年义工研习营,以增加学生的活动空间。

另外有部分学业上属于低成就感的学生,其他方面并不比别人差,他们同样希望获得别人的尊重和赞赏。因此学校应推广多元化的成就目标,让部分学生在课业之外也能得到大众的肯定和掌声,以健全其人格发展。

5. 有效运用多元化的资源以维护学校安全

学校除了应动员全体师生之外,亦应结合社区运用多元的资源来共同维护校园安全。例如彰化县彰安国中曾邀请学生家长担任学校义工,这些义工家长不但配合学校,在学生上下学时,实施交通安全看护与指挥,同时还协助学校实施校外联巡,到电动玩具店劝导学生勿过于沉迷。另外还成立了义工导师团,每天清晨六点多就到校协助校园安全维护,而且每节课下课时都安排有义工老师巡视校区,以防止学生滋事,实施以来校园安全改善良多。

另外警力的协助也是一项非常重要的安定力量,故应和警方保持密切联系,并协请警方在假日、夜晚针对校园外围、角落、偏僻处等地区加强巡逻。

危机型态

校园安全与危机处理是学校最感棘手的问题,因为危机事件能否妥善处理,关系着引发此一危机的学校安全问题。处理得好,可能化险为夷,转危为安;处理不好,不但不能化危机为转机,还可能致使事件扩大、恶化,或节外生枝引发其他不必要的困扰;或在治丝益棼中,因为无法化解危机,终使预料中的事件发生了,而造成处理人员的扼腕自责。

在处理学生个体危机问题时,介入危机处理的教师或行政人员及其处理方式,常形成当事人家属寄望的契机,而且其寄望往往是最完美的要求。然而不幸的是,危机事件经常有偶发问题出现,而这些偶发问题又是非常急迫,需要马上处理。通常一个负责任的处理人员在衡量事件的紧急性时,往往不会考虑到其他问题,而逾越了权责去决定一个偶发、紧急事件的处理方式,倘若他的决定可以消弭一场可能性的危机,也许就不至于引发任何纷争,若是他的处理决定无法挽救危机,或是造成另一个遗憾,恐怕后续的自责,或是精神上所遭受的谴责、怪罪,都会令处理人员沮丧不已。

有一位军训教官处理学生车祸事件,在送医急救后,医生表示该生必须马上施以开刀手术。但因家长在赶来的途中,无法联系上,于是教官在这种急迫的状态下,就代表学生家长签字同意动手术,但是手术并没有挽回该生的生命,事后这位学生的女朋友怪罪教官不应签字答应开刀,使得这位教官的心理长期蒙上一片自责的阴霾。

另外处理危机事件时,处理人员可能遭遇到诸多难题,但是只要有周详的规划,并依照处理要领按部就班,相信所有危机事件都能够有圆满的处理结果。

鸟语花香,书声琅琅,美丽的校园原本是一块安乐净土,但由于学校行政的疏失,或因青少年次文化的滋长、学生学习的障碍、人际关系的冲突、班级经营的失落,以及社会不良因素的影响,都可能让学校师生职员预期或不预期地遭遇危机。

在当前社会多元的冲突中,校园安全状况瞬息万变,校园危机随时都可能发生。因此每一位教职员工都应该加强危机意识,尤其是行政人员及教师更应该有立即处理危机的能力与准备。

危机型态

校园危机的产生,初期必然是状况未明,危机处理人员用于了解案情、计划与处理的时间极为有限,但随着状况的发展,案情将逐渐明了,此时有系统、有计划的处理作为,即可转变为正常重大事件的处理。

通常危机事件依照引发的时机不同,可分为三种类型:

一、隐伏将发

有些危机因素是潜伏的,它可能是平时我们都不太会注意的事物,也可能是一群我们所漠视的人。由于无法引起大家的注意和关怀,于是这些人、事、物慢慢在变质中,变成不知何时会引爆的"炸弹"。例如:当事人把一切的困扰都深锁于心灵深处,并在脸上挂上一副神情自若的面具,如此不易为人察觉,也可能教师无适当的渠道来获知,于是经过一段时间的酝酿之后,在超出了隐伏的承载量或恰巧有了导火线的点引时,危机顺势于瞬间爆发。由于波涛汹涌的问题压抑已久,并且包裹紧密,一旦引发,将如苏醒的火山般,喷射出怒吼的烈焰,似欲吞噬一切的不满,叫人惊慌。

嘉义某初中三位女生,从小感情就很好,但却只因为其中一位同学的妈妈禁止她们来往,于是在无法排解心中的郁闷心情时,就手牵手走向潭水,从容赴死,而造成二死一伤,然而事发之前,竟然一点迹象都没有。学校老师说,其中有一位学生在最近的月考中,数学还考了 95 分,老师还特别将亲手做的手工艺品送给她当奖品,但却怎么也想不到她们会去寻短见。

但是当社会各界与学校师生都处在一片错愕及惋惜中时,是否也会警觉到,原本表面上品学兼优、活泼开朗的学生,也会有郁卒忧闷、无助恐慌的心灵,如果师生能有足够的辅导知能和安全警觉,那么当小学时的辅导资料能随学生一同升上初中,新、旧两校辅导教师,共同进行追踪辅导的话,或许可以消弭类似隐伏将发的危机。

二、迸出星火

通常危机问题都会隐隐流露出点滴的信息,例如:学生的异常言行,或是学校建筑及设施、设备的老旧、龟裂、悬挂物脱落等。当这些细小问题发生时,等于危机的警示灯已经亮起,这些警示本身就是一种求救信号,它在告诉我们:"我需要你的协助","我需要你的关怀","我需要你伸出有力的救援之手",一旦疏忽或漠视这些不起眼的警示,它就会像星星之火逐渐燎原,而当我们一旦发现这个问题的严重性时,它可能已经长成一头巨兽了,这个时候想要去消灭它,必得花费相当大的精力。

屏东某学校,有位教官夜间巡视男生寝室时,发现某一楼铁窗年久锈蚀,并被敲开约一人宽的缝,教官立即询问该室同学,大家都回答不知道,当问到 A 同学时,他吞吞吐吐,看看同学,欲言又止,教官心想:事非单纯,但也知道 A 君为难之处。于是说:"宿舍设备有损坏,应该尽快申请修护,麻烦请室长明天到总务处填报修护单。"说完即离去,教官随即向舍监询问宿舍状况,工友答称曾看见学生夜晚溜出校外的现象,经教官旁敲侧击仔细追查之后,果然发现学生经常从该处钻出,到校外赌博至天亮前才返舍。有时赌博输了,缺钱时就偷窃宿舍学生财物,学弟敢怒不敢言,经过教官处理之后,宿舍的正常秩序得以恢复。

三、瞬间引爆

安全状况是非常难以掌握的,因为人是动的,事是会变化的,物的安全性及使用状况更无百分之百的安全保证,人、事、地、物每时每刻都在变动。因此在这样一个变动和无常的环境中,师生的互动、学生同学间的人际关系、师生对某项政策的看法和观点,以及外力侵入和自然灾害的侵袭,都可能会在无预警的状况下引爆,就像平静的海面,突然掀起一阵风浪一样,这种突如其来的危机,最叫人措手不及。

有一天,某校第三节下课时,有位学生突然冲进教官室,上气不接下气地说:"教官,我们班上有位同学被两名歹徒持刀追杀!"这句话简短有力,其中挟带着急促的求救信号,主任教官接获报告之后,迅速放下手边工作,马上召集现场所有教官,并急速分派任务后赶赴现场处理。一阵混乱之后,终于逮住歹徒,并寻获被追杀的惊恐学生。像这种突发产生的危机,必须要在瞬间采取紧急救援措施,否则稍有迟疑,就会延误时机。

危机处理原则

一、基本观念

校园安全问题可能造成的伤害,虽然有一般性、严重性和危险性之分,但是任何小小的安全问题都有可能演变成大危机。因此负责安全维护的人员，在面对安全问题以及进行安全事件的处理时，应怀着戒慎恐惧之心，宁可将小问题当成大危机来处理，切莫忽视小小安全事件的存在或任其坐大，否则将造成难以弥补的遗憾。

二、处理要领

1. 沉着冷静、调适危机压力

当校园出现安全问题后，不管是山雨欲来风满楼，让人感受一股沉闷窒息的压力，还是狂风骤雨雷轰天，使人置身于风云变幻的大地，都会使校园顿时陷入"兵荒马乱"中。面对这样的巨变，人们都会感到错愕、沮丧、烦忧、懊恼、无奈。危机之产生，固非人之所愿，可此时也不只是顿足、扼腕，甚至责怪的时刻，而是要鼓起勇气，很实际地去面对问题，所以无论是当事人或是处理人员，应该要很坦然地接受危机存在的事实。

诚然，有些工作上巨大变动的压力源，会导致生理和心理的暂时失衡，尤其是危机产生初期，处理人员总会在内心评估与思索危机问题，而形成主观的臆念：

如何解除危机？

能不能适时、有效地解除危机？

什么时候才能解除危机？

假如在短期内无法解除，如何应对？

它会造成多大的伤害？

因此危机处理人员在面对危机状态时，首先应做好压力调适：

(1) 急迫危机的压力调适。

紧急情况时，例如：突发的火灾、地震、学生殴斗、自我伤害的抢救或是不良分子正挥舞刀械危害师生安全……这种迅雷不及掩耳的危机，不但会使危机处理人员急速面临极大的压力，而且还要马上去面对并碰触这压力源，这的确是相当为难的事。但要临危不乱又能沉着应战，此时必须迅速有效地管理你的情绪，调整你的呼吸，并尝试自我暗示法，让身体与心理尽量维持正常的运作，方能稳定思绪以思考处理方法，并且采取最佳或断然的行动方案。

（2）非急迫性危机的压力调适。

非急迫性的危机,表示危机的存在不会立即产生危害,或是危机状态在短期内无法解除。这种情形会使处理人员长期处于压力状态中,倘若无法有效调适压力,则生理上容易发生病变,心理也会产生忧郁、无望、冷漠以及愤怒、急躁、怨愤、恐惧、嫌恶、害怕的情绪反应,以致无法有效、理性地处理危机。因此在这种情况之下尽快做好压力调适是非常必要的,而下列调适方法可供参考:

做好身体的放松。放松身体的方式很多,如自我暗示法,泡个热水澡或是以静坐、瑜伽的方式使肌肉放松等。不论用什么方法,只要能体会到放松的要领,或进入放松状态即可。

小睡、冥想、听音乐、散步、看书或做白日梦,使心境放松。

适当运用周遭的社会支持系统,例如家人、朋友的关怀与支持,或将他们作为情绪表达及倾诉的对象,以疏解心理压力。

避免陷入负面的思考,以免徒增无谓的困扰与莫名的忧虑。

把忧虑和心事从思绪中滤出,使思绪保持无牵挂,并能集中在正面的思考上。

建立信心,确信必有度过危机的能力与方法。

拒绝担负超过能力范围的承诺或期许,以免自己无法负荷。

把工作与责任适度地分摊给相关人员(授权)。

用笑和幽默来面对挫折。

"调适压力"就是管理你的情绪、管理你的生活,并使个体在面对危机挑战时,能沉着、冷静、理性地介入。个体在危机介入前期,并经过"V调适压力"的过程之后,应该会有冷静的头脑、稳定的情绪,以及蓄势待发的活力,而自己能先立于不败之地,那么迎战"危机"大敌,必可稳操胜券。

所以《孙子兵法》说:"胜兵先胜而后求战",此成为危机介入的最佳名言。生理与心理的调适固然重要,但危机状态紧急难候,危机介入愈快愈好,因此调适期愈短愈好。

（3）整理思绪,进入危机处理方案的思考。

当完成调适阶段之后,宜快速整理思绪,并进入危机处理方案的思考。

通常接收到危机信息之后,一直到危机解除,危机介入人员的情绪、思

考、程序概列如下:

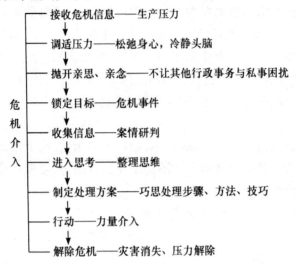

接收危机信息——生产压力

↓

调适压力——松弛身心,冷静头脑

↓

抛开亲思、亲念——不让其他行政事务与私事困扰

↓

危机介入　锁定目标——危机事件

↓

收集信息——案情研判

↓

进入思考——整理思维

↓

制定处理方案——巧思处理步骤、方法、技巧

↓

行动——力量介入

↓

解除危机——灾害消失、压力解除

危机介入程序

2. 迅速投入救援力量

(1)运用现有人员。

①学校防护团:防护团的消防、防护、修护、救护等人员编组,绝大部分为警卫人员及总务处的技工、工友所编成。对于紧急自然灾害,可动员其施以紧急的风灾、火灾、水灾的抢救,水电设施、设备的抢修,伤员人员的抬运、急救,以及灾害地区的警戒、维护等。

②教官(或训辅人员):

自然灾难现场人员的指挥疏散与安全维护。

紧急、偶发、重大事故的应变、救援和相关单位、人员的协调、联系,以及危机处理计划的拟订与执行。

③辅导教师:学生紧急个案的处理。

④一般的师生员工(含军训教官):

提供紧急救护的协助,例如学生情绪的安抚、伤员紧急送医、疾病照顾等事项。

学校重要教育器材、物品的抢救、搬运、维护等。

（2）召回必要人员。

①教官:军训主管可依紧急召回管理规定,召回必要的教官人员返校处理紧急事件。

②辅导教师:辅导中心(室)可依紧急个案处理办法,召回必要的辅导教师,处理紧急个案。

③相关业务主管(人员):接案人员应尽快向上级请示,或在紧急情况下,径行通知相关业务主管(人员)返校处理。

（3）寻求助力。

①警察人员:协助处理不良分子入侵、凶杀、斗殴、山难、车祸等事件。

②消防队:火警、公共安全等事件的处理。

③卫生医疗单位:伤员、精神病患及心理疾病的紧急处理与医疗等。

④法律顾问:法律咨询。

⑤校友会及民意代表、民间团体:寻求精神支持与纠纷调处,或人力与财力的协助。

⑥上级单位:政策性的支持、法令的解释及纠纷的调处。

⑦记者:在家丑不外扬的心态下,各媒体记者经常会被发生校园安全事故的学校,视为不受欢迎或避之唯恐不及的人物。但是运用得当,记者不但不会形成阻力,反而会变成助力。例如:请其从正面及建设性的方向报道,或可借以澄清事实、解释误会,同时避免让当事人和学校遭受无谓伤害。

（4）各相关力量的协调、联系。

接案单位(人员)或相关业务单位(人员)应做好各种助力的协调与联系,使所有的力量环环相扣、紧密结合,形成一张绵密的保护网及巨大的危机排除力量,方能众志成城,快速解除危机。

3. 掌握状况,判断危机因素

（1）了解危机的主因与主体。

①人:

谁是危机制造者:是学生斗殴、破坏?还是教师不当管教、性骚扰?或外面不良分子入侵?

谁是危机受害者:是学生受伤害?还是教师受恐吓?或学校师生皆有

遭受危机的可能性？

谁是危机的关键人物：是危机制造的当事人？是同学中的领导者？还是另有他人？

②事：

是上级的政策、学校的措施引发师生的误解、不满、冲突？

是师生沟通不良、观念不一、思想差距的关系？

是学生间彼此斗嘴、意见不合、尊重不足的缘故？

③时：

晚上、深夜是歹徒作案的时机。

寒、暑假和周末假日，校园师生较少，安全防制力量薄弱。

下课及午休时间是学生容易发生冲突的时刻。

④地：

实验室、工厂、停车场、地下停车场、地下室是安全性较差的地点。

学校偏僻处和外围四周，歹徒容易出没。

学校工程地点危险性高。

⑤物：

安全设备不足或未能按时、定期维修？例如：高楼缓降机悬挂处是否按规定设置？缓降机是否购置，并按规定放置？灭火器药粉是否按规定换装？消防箱是否按规定设置，并可使用？校园门、窗、护栏、楼梯护网、路灯、警示设备等是否堪用、安全？

危险物品是否管制良好。或随意放置？例如：实验室的门禁管制、化学药品的使用管制，甚至洗厕所用的盐酸都应该妥善保管。某校曾有一博士班学生潜入实验室偷化学药品，并在饮用水中下毒，导致学生发生中毒事件。

另有一校，有位学生一时想不开，竟服下宿舍里放置于厕所内的盐酸自尽。

(2)鉴别危机程度。

①可能性危机：须妥善采取预防措施。

A. 特征

信息与征兆模糊难以确定，或经由各种现象预判，感觉到危机的存在

62

或可能发生。此时不可忽视这微弱的讯号,应该尽快追踪确认,并分析可能的状况及应对对策。

危害对象无法确定,因此对可能的受害对象,均须采取保护措施。

危害程度无法获知,因此可先行预判并做好防护工作。

B. 处理要领

对于可能性的危机,警觉性要高,采取预防措施要快,但也要注意避免陷入杯弓蛇影或草木皆兵的恐慌中,以免徒增危机处理人员的压力与负担。

②严重性危机:要设法消灭。

A. 特征

信息与征兆已经确认无误。

危害对象非常明朗、明确。

危害程度已可预估,并确定必将造成有形或无形的伤害。

B. 处理要领

若灾害尚未造成:以维护师生人身安全及学校校誉、财物为要。

若灾害已经形成,其处理的重点与步骤如下:

防止灾情扩大

↓

降低灾害程度

↓

平息灾害

(3)衡鉴危机的急迫性。

危机介入在时间上的掌握与运用方面非常重要。

①间不容发:迅速救援。

A. 特征

学校师生员工的人身安全随时会有危险,或遭受重大的伤害。

学校或师生员工的财物有即时、巨大的损失。

校园里有重大即时性的冲突,或冲突、对立已经产生,而且即将严重影响学校声誉、学校安全、正常的教育工作,以及校园人际关系的互动等。

上述的危机型态可能是隐伏已久,一经导火线的点燃就会引爆;也可能是属于毫无预警的瞬间引爆。因此必然是状况突然,令人错愕,同时给处理人员思考解决方案的时间短促,而救援力量亦可能非常薄弱。

B. 处理要领

接案人员应不待请示而迅速投入救援工作。

边处理危机,边思考解决方案,边请示——向上级反映、求救。

迅速就地取材寻求助力。例如:吹起随身携带的口哨,或随地拿起棍棒吓走入侵不良分子,或迅速招呼附近的师生援救受害者、伤员或财物等。

②尚可缓冲:通知相关人员处理。

A. 特征

接收到危机信息时,尚未有危机产生。

学校师生员工的人身安全及财物虽未面临危险,但有尽快避难的必要。

校园冲突已有剑拔弩张之迹。

危机火苗已隐约可见,若不尽快处理,将迅速蔓延。

B. 处理要领

接案人员应视案情性质,通知相关单位、人员处理。

相关单位、人员应向上级反映、请示,而后尽快研商解决方案,并投入救援工作。

③时间充裕:拟订处理方案。

危机的延伸性及扩展性

A. 特征

危机的信息显示,学校或师生员工虽然可能会有重大的损伤产生,但是显然有充裕的时间采取防范措施。

校园问题或冲突在酝酿阶段,但若能妥善沟通与疏导,亦可有效化解。

B. 处理要领

接案人员应通知相关单位、人员,注意防范。

相关单位人员应尽快向上级反映,并广泛搜集案情信息及研拟解决方案。

经上级裁示最佳解决方案后,迅速投入救援工作。

(4)分析危机的延伸性及扩展性。

延伸性是纵向的延续,危机状态的特征如下:

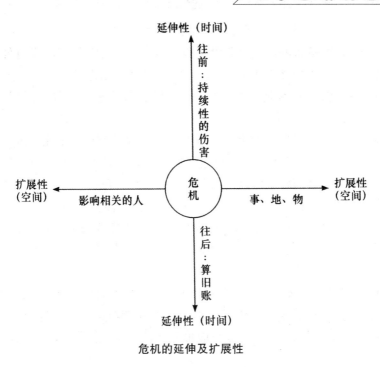

危机的延伸及扩展性

①冲力强:拦截不易,因此救援力量要迅速到达,一定要赶在危机伸延之前,否则只有永远被带着跑的份,那就很难解除危机了。

②韧性够:若要"拦腰而斩",那这一刀切下去,必须力道十足,否则不但不能解除危机,反而会造成反弹而被反噬一口,因此要小心谨慎。

③一波接一波:灾难侵袭犹如舟波攻击,一波接一波接踵而来,因此要尽早掌握信息,分波段处理危机问题,使各波段的危机皆可被妥善处理。另外要注意的是处理问题一定要对症下药,绝不可点到为止,或是敷衍了事,否则看似平息却余烬未灭,如此很容易"春风吹又生",而灾难将会持续存在,无法断绝。

危机的延伸性的因素本体变动不大,危机处理人员战斗的对象是固定的,只不过它像是个顽强的敌人,不易消灭。然而危机的因素若是复杂烦琐的话,如处理不当或是推脱延宕,就容易节外生枝而扩大灾情范围,或者像滚雪球一样,越滚越大,这个时候不但越来越难处理,危机介入所需要投入的人力、物力也将越来越庞大。

扩展性是横向的发展,其危机状态的特征如下:

①因素复杂:危机的产生并非单一因素,除了核心因素之外,尚有外围因素,每一项因素不但相互关联,而且可能造成另一项危机。因此危机处理人员必须很有耐心,不但要能抽丝剥茧,还要能触类旁通,举一反三,各种可能因素都要一一找出,才能一网打尽。

②牵涉范围广:危机因素所牵涉的人、事、地、物相当多,因此危机状况很容易产生连锁效应而扩大。处理这种危机应该迅速集中火力消灭危机主体,使得相关因素随着主体因素的倒塌而瓦解。

③容易波及:危机状态如果很容易波及不相关的人、事、地、物,那么会因此迅速蔓延而扩大范围,危机处理人员经分析确定其波及程度时,要迅速采取围堵及隔离措施,避免无辜的受害者卷入,以免增大危机处理范围。

(5)持续搜集信息。

①搜集信息的目的:搜集信息的目的,在于了解危机的主因(人、事、时、地、物)、危害状况、牵涉范围及可能获得的支持与助力,以供上级作为判断之参考,方使危机处理小组能采取最有利的行动,并预防危机扩大,以利危机的处理。

②信息的重要性:信息是危机处理的重要依据,信息丰富、可靠、快速,方可掌握先机,有效解除危机。

③信息宜考虑下列要项:

掌握时效性;

注意客观性;

搜集多元性;

灵活运用性。

④信息搜集的责任:全体师生员工皆应主动搜集、提供信息,尤其危机处理人员更应积极有效地寻求信息来源渠道、搜集的方法与要领,掌握危机的动态。

⑤信息搜集的程序:

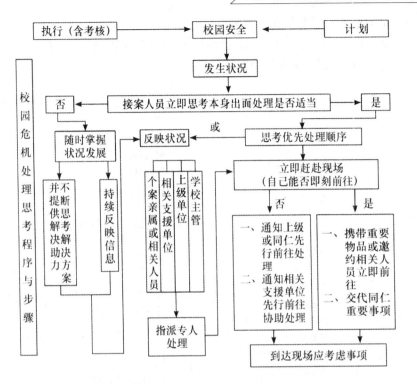

校园危机处理的思考程序与步骤(1)

信息搜集以危机处理重点为基础,依下列四个步骤循环不断进行。

指导:校长或相关业务主管应指导搜集工作计划。

搜集:危机处理人员应透过各种渠道进行搜集工作。

处理:所获得的信息应予登记、鉴定及分析。

运用:经分析确认所获得信息的可靠性与价值性,立即分发有关单位参考、运用。

信息搜集应连续不断地进行,处理其他信息及运用信息的同时,亦应对所需新信息进行搜集,并经由运用产生有关的信息需求,如此循环不断,以获得更广泛的信息。

4. 寻求最佳解决方案

(1)接案人员的思考方向与处理要领。

①校园安全平时应有详细的预防措施和应变计划,并在有关单位的督导和考核中执行。一旦发生问题,经反映接案之后,接案人员及单位应遵

循一定的思考程序和处理步骤解决危机。

②校园安全发生问题后,应尽快反映学校主管知晓,并依案情需要向上级反映,或通知当事人的亲属。

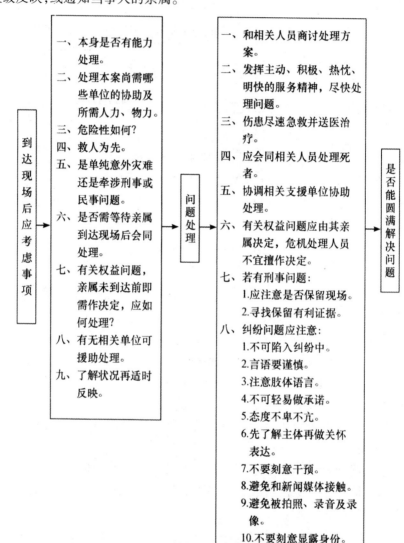

到达现场后应考虑事项

一、本身是否有能力处理。
二、处理本案尚需哪些单位的协助及所需人力、物力。
三、危险性如何?
四、救人为先。
五、是单纯意外灾难还是牵涉刑事或民事问题。
六、是否需等待亲属到达现场后会同处理。
七、有关权益问题,亲属未到达前即需作决定,应如何处理?
八、有无相关单位可援助处理。
九、了解状况再适时反映。

问题处理

一、和相关人员商讨处理方案。
二、发挥主动、积极、热忱、明快的服务精神,尽快处理问题。
三、伤患尽速急救并送医治疗。
四、应会同相关人员处理死者。
五、协调相关支援单位协助处理。
六、有关权益问题应由其亲属决定,危机处理人员不宜擅作决定。
七、若有刑事问题:
1.应注意是否保留现场。
2.寻找保留有利证据。
八、纠纷问题应注意:
1.不可陷入纠纷中。
2.言语要谨慎。
3.注意肢体语言。
4.不可轻易做承诺。
5.态度不卑不亢。
6.先了解主体再做关怀表达。
7.不要刻意干预。
8.避免和新闻媒体接触。
9.避免被拍照、录音及录像。
10.不要刻意显露身份。

是否能圆满解决问题

校园危机处理的思考程序与步骤(2)

68

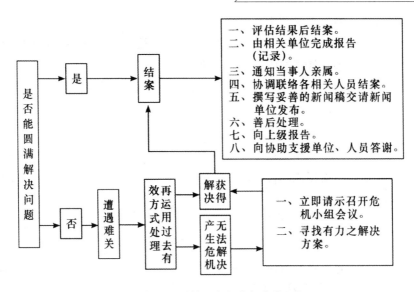

一、评估结果后结案。
二、由相关单位完成报告（记录）。
三、通知当事人亲属。
四、协调联络各相关人员结案。
五、撰写妥善的新闻稿交请新闻单位发布。
六、善后处理。
七、向上级报告。
八、向协助支援单位、人员答谢。

一、立即请示召开危机小组会议。
二、寻找有力之解决方案。

校园危机处理的思考程序与步骤(3)

③力有未逮之处,若能即刻通知相关支持单位要求协助,往往都可能获得意外而满意的结果,使学校在处理上达事半功倍之效。例如:军训教官系统的"全国教官为全国学生服务"的服务体系,倘若个案发生安全事件或危机的地点离校甚远,经由军训教官体系,电话通知其距离最近的学校教官室,或省、市教育厅、局所属的"县市学生校外生活指导委员会",必可获得有效协助。多年来通过这样的系统,所获得协助的案件相当多,这是可以列为考虑的校园安全助力。

④接案人员(处理人员)前往现场处理:

若属天灾,应立即招呼多人协助处理。

若属个案,应尽可能邀约人前往处理,一方面有商量的对象,另一方面这些人可充当助手。

别忘了交代自己的行踪,以免学校相关人员无法和你取得联系。

要尽快让个案家属知晓并请尽快前来处理,因为有关个案的权益问题,非监护人无权为其做决定,若是遇上个案需要开刀手术、转院治疗、赔偿等问题,处理人员若擅做决定,可能会引发不必要的纠纷。

若属于学生意外伤害事件,处理人员应在其家属到达现场之前抵达现场处理,使家属能感受到学校的处理热忱。

经常和学校及相关人员保持联系,除了陈述处理方法、进度及状况变化之外,亦应请示处理原则或请求支持事项。

倘若案情非接案人员能力范围内所能处理的,应尽快向上级反映,召开重大事件或危机处理会议,以解决危机事件。

(2)召开危机小组处理会议。

①先期会议:各相关业务主管在遭遇危机事件或预判危机状况可能发生时,应立即召集相关同仁商讨处理对策,并拟订方案,预备在危机处理小组会议中向校长提报。

②指导会议:指导会议主要是校长在了解及分析危机状况,并将解除危机的信心告诉与会人员,使与会人员了解校长意图,方能在拟订处理方案时,缩小或简化思考范围,并节省作业时间,而且又能符合校长的期盼。指导会议另外一个重要的工作重点,即任务分配及协调与沟通。若危机状况非常紧急,则指导会议可并入正式的危机处理小组会议中进行。

③危机处理小组会议:

宣布企图:首先校长应明确说明意图,并指示处理方向。

案情报告:业管单位主管或承办人应详细报告案情,使与会人员知晓。若事先能有书面资料则更佳,但宜考虑书面资料的机密性。案情报告的内容概述如下:

案情重点简述。

案情相关状况的说明与分析:就案情的来龙去脉、牵涉的范围、危害现况以及预判其发展详加说明,并对相关因素加以分析,以深入了解案情的前因后果,作为校长裁示及拟订处理方案的参考。

提报处理方案:根据校长的意图及案情状况,相关单位应提报解决方案。

若所提出的方案有两种以上,则各相关单位应就本身的立场及执行能力,详作分析、比较之后,向校长建议采取何方案为佳,何方案次之,理由何在?

倘若危机事件尚未发生,但就可靠的信息,预判可能会发生,则相关单位应拟订假设状况,提出状况模拟的沙盘推演计划。推演计划内容,可依下列范例设计完成,并尽快召集相关人员推演。

推演计划范例

项目	预测			处理构想	处理单位(人员)	备考
	时间	地点	可能发生状况			

相关事项的协调:各相关单位应就相互支持事项进行协调,以利工作推行。

最后由校长指示处理方案,并指导分工事项。

④危机处理流程:从危机产生之后,校长及相关人员的危机介入到解除危机,其流程如下:

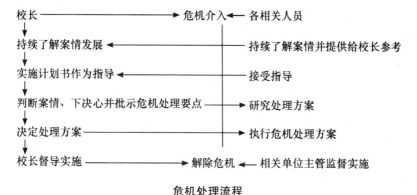

危机处理流程

5. 注意事项

(1)主动、先制。

发现校园危机征兆,或校园危机已经对校园产生伤害,在接获信息之后,绝不可等待、观望、推诿、掩饰。这种消极、退缩的态度,不但无法解除危机,反而会增加危机的扩展性和延伸性。只有快速捕捉有利时机,尽快反应出击,才能快速解决危机。

接案人员要主动协调、联系相关单位、人员,或尽快先行投入救援工作。

所属单位要主动接触相关人员,尽快了解案情及相关信息。

所属单位要尽快通知相关人员知晓。

处理人员要比任何单位、人员先一步了解案情及到达危机现场或个案身边。

尽快制订解决方案。

主动搜寻有利因素及有利助力。

必要时主动联系新闻记者并提供新闻稿。

主动进行沟通和协调。

主动检讨或改进相关的缺失。

定期完成数据之汇整及书面报告。

(2)运用综合力量。

处理校园危机事件,不要任由相关单位、人员,单枪匹马或独立作战,如此不但会使处理人员倍感压力,也易陷入无助感和无奈感之中。尤其在紧张忙碌、东奔西跑的情况下,若无其他单位、人员的支持,对于案情处理可能会有挂一漏万、设想不周、忙不过来或忙中有错等情况,留下不完美的缺憾。

某校有位学生在遭受同学殴打之后,其家长竟私自邀约两名校外人士到校寻仇,该校生辅组长发现后很镇定地邀请他们到办公室商谈,未料一进门,办公室里的职员发现这两名校外人士衣内藏有长刀,不但吓得纷纷走避,走避之后竟连去打个电话报警的勇气都没有,一时之间办公室空无一人,只留下生辅组长单独面对这种急迫危机。像这样缺乏安全互助的认知,如何来确保校园的安宁呢?

因此校长应综合全校整体力量,规定统一指导单位,在有系统、有分工、有规律、有程序、有步骤、有共识的处理原则中,共同投入救援力量,如此方能使危机现象的解除画上圆满的句号。

(3)寻找着力点。

解决危机时,应仔细并持续检视、窥破危机的最佳突破点或着力点,然后再去探究、寻求突破方式,以期能一战奏功,瓦解危机的存在威胁。

①问题症结:危机的问题症结是危机产生的主因,也是主要的解决途径,所谓"冤家宜解不宜结",把问题的结找出来,设法予以解开,问题自然可迎刃而解。

有一天早晨,某校男住宿生约八十人集体向学校餐厅抗议伙食太差,并罢用早餐(该校规定住宿生需在校用餐),随后有女住宿生约六百余人亦随同跟进。该校训辅人员发现问题之后,即刻进行沟通、了解,发现问题症结在于学生认为:伙食差、餐厅人员个人卫生不佳,经多次向学校反映均未见改善。训导处即刻邀约学生代表至他校参观比较,以确定该校的菜色质量并不比他校差,至于餐厅人员个人卫生则立即督促改善,如此针对问题症结处理,很快便获得学生谅解,并化解一场即将发生的危机事件。

②案情不合理之处:如果危机状况是属于冲突、意外、偶发或不法事件,则危机状态可能存有若干不合理之处,那么造成危机事件的个案,必有诸多情、理、法上站不住脚的地方。《孙子兵法虚实篇》有言:"避实而击虚。"因此解决危机时可以全力指向其虚、弱之处,必可一战奏功。

某校一名男生遭同学殴打成伤,受伤的学生随后告知其父兄,家人闻后大怒,即刻打电话到校,要求学校交出打人的学生由其私自处理,否则即要学校不得安宁。校方接获电话后称:应该由学校邀约双方家长沟通、调解为是,不应由单方动以私刑。其家人要求未果后,竟私自到校寻找肇事者,当时正是午休时间,在未辨识确认肇事的学生之后,即出手错殴了一位疑似的学生,造成该生无故受殴成伤,学校即抓住此一弱点,要求依照学校的决定,理性处理,否则一切交由警方依法处理。事后其家长自知理亏,即不敢再对学校放狠话。经过校方邀约三方家长沟通调解后,总算未再造成另一次校园危机。

③可提供有力承诺:当学校发生冲突、抗争等危机事件时,学校若在能力范围之内,提供有力的承诺往往也是化险为夷的解决办法。因此各相关单位主管及校长,不宜过于僵化、刻板、行意气之争,或得理不饶人,需知让人三分,就是多给自己三分空间。所以在相关单位主管进行沟通达成共识之后,不妨适时提供有力的承诺,以解除对峙、紧张的不利状况。

④外围有力的协助:危机的存在也许不是学校各方人马投入有限力量可以解除的,也许经过探索之后,发现某项外力是最有力的解决力量,这个

时候不妨移樽就教,敦请介入危机,提供有力地协助。

1994年5月的某一天夜晚,西螺地区突然豪雨来袭。当夜,西螺农工学校值勤教官秦宝同少校非常机警,也非常负责地巡视校园状况。当校园里积水渐高之后,他发现储藏大批军械器材、军乐器材、国乐器材及发电机、变电器的地下室已渗入大量雨水,当时他快速地联系了一位住在附近、家里贩卖抽水器材的朋友,连夜请他运送抽水机来校抽取地下室的积水。由于豪雨不断,积水不停,于是他和这位朋友就这样一直忙到天亮,终于挽救了学校地下室这一批价值数百万元的财产。

1994年5月,某大学美术系学生罢课抗议事件,在"教育部"、学校和学生之间多次的沟通之后,同学们相信"教育部"黄镇台次长有解决问题的诚意,于是在学校敦请黄次长出面调停后,全体同学同意无条件停止罢课,而结束了为期三十四天的罢课抗议行动。

(4)优先处理重点。

危机事件若状况单纯,则在处理上较不费神。若是案情复杂,牵涉广泛,那么在处理的时候,必须深入探讨,分析整理,并将处理要点做归纳、统整之后,就其可能造成的伤害程度分类分序,然后优先处理可能造成最大伤害的部分,其余的则依序逐一处理,切莫瞎撞乱打,否则将会事倍功半,徒然浪费人力、物力和财力。

(5)防止案情扩大。

危机事件的伤害状况有扩大性的迹象时,应该对可能扩大危害的人、事、物迅速采取保护措施;如此方不至于使危害范围蔓延或扩大,而使整个校园陷入危机之中。

(6)防范后续的发展。

在处理校园危机时,不要认为结案后事情就结束了,假如不注意防范或追踪诊治,那么案情也有死灰复燃的可能。

某校在学生大一入学时即实施人格测验、基本个性分析,学校发现有位学生有适应不良、情绪困扰,以及忧郁、焦虑等现象时,辅导教师即对该生进行辅导工作。经过学校一年耐心地辅导,该生进步的状况很理想,热心公务、操守良好、功课进步,社团活动也很积极,学校曾经在某次的辅导工作会议上,提报本案为成功的辅导案例以供大家参考。哪知道该生在一次社团公演集训的检讨会上,对于集训的各项缺点,深感困扰和内疚,竟然在无法挣脱自己焦虑、忧郁的心结之后,跳楼自杀身亡。

(7)采取适当的保密措施。

当发现个案,并感受到案情的危机性时,训辅人员必须施以紧急个案的辅导,或是由危机处理人员实施危机介入。基本上在处理个案时,辅导人员的辅导过程要特别注意遵守辅导伦理原则,做好保密工作,以维护个案自尊。训辅人员从危机处理的角度处理案情时,也要注意处理过程中的保密工作,以避免使个案遭受二度伤害。

不过导师和训辅人员有的时候也会遇到这种情形:

个案的困扰、焦虑和障碍,只愿意向他相信的导师或教官等训辅人员倾诉。当这些训辅人员接收到这样的个案,并很清楚地了解案情的严重性,以及本身辅导或处理能力之不足,而急于想求助他人共同研商或是转介到辅导中心(室)寻求专业辅导人员介入时,往往个案会丢下一句话:"老师! 我只相信你一个人,我不希望其他的人知道我的事,假如老师把我的事告诉其他人的话,我只好去死了!"

碰到这种情形该怎么办才好呢?

基本上,训辅人员和个案交谈时,应该要有敏锐的警觉性。如果在觉察个案有意图诉说其个人重大的困扰或自认为是非常重要、隐秘的事项时,训辅人员应事先提醒个案:

如果你的问题属于自我伤害、或意图伤害别人、或牵涉法律问题,在我个人无法负担或保护你的时候,我可能必须转介或求助他人,请你了解我个人的感受后,再考虑是否要告诉我,好吗? 事先有这样契约性质的声明,会比较妥当。

如果个案在训辅人员毫无预警之下,说出其内心的困扰与秘密,并要求绝对保密时,训辅人员若警觉到其问题必须转介辅导,这个时候亦应婉转向他说明:

你的问题我个人真的无法负担,为了协助你脱离困扰,可否容我介绍你认识几位辅导老师,当你对他们建立了信任感之后,你再考虑是否求助于他们,可以吗?

处理类似个案宜小心谨慎,稍有不慎,则辅导或处理过程必然受阻,而个案敏感地自觉遭受二度伤害后,对教师的信心可能会崩溃,并因而自暴自弃,或加强其自身的心理防卫。这样不但无法挽救个案,反而可能会加速个案的瓦解和危机指标的提升。

(8)危机处理人员要步调划一。

校园危机事件最容易引发校内外的骚动,尤其在危机状况未明朗之前;危机处理陷入胶着状态时;危机状况复杂化时;以及危机尚未解除前。这些时候都会引起各界的关怀与揣测,这些都很容易造成不必要的误会,或形成危机处理上的阻力。因此学校应该指定一位发言人,代表学校对外发言,其余人员尽量不随便发表相关言论为宜。即使要发表亦应事先和发言人有充分地沟通和协调,免得发言的内容大相径庭,发生极大的落差而造成诸多困扰。

(9)妥善应对相关人员。

①学校对当事人(学生)的态度:

考虑其自尊:年轻人的脸皮很薄,有时候他们争的只是一个面子问题而已,因此尽量不要把这个"自尊"给戳破了。

体谅其心态:青少年有其特殊的次文化,宜深入了解其内容,并用同情心来体谅他们的心态。

尊重其言行:青年学生们充满了理想和热情,他们想要表达的方式和诉求,大致来自于这样的理念,因此不妨尊重他们的言行空间,这样可以降低许多摩擦和冲突。

关怀其处境:学生们在遭遇挫折、困扰、障碍时,其沮丧、失望、无助的心境是非常孤寂落寞的,教师应以爱心、耐心来关怀其处境。

维护其安全:不论危机事件的性质,也不论学生的动机与状况,在整个危机事件的持续中,都要注意可能引发的危险性,并考虑学生的能力负荷,全力保护、照顾学生,不要因为事件的困扰,疏忽了学生的安全,以致造成事件外的遗憾。

不可放纵学生:如果危机事件是由于学生的过错所引起的,应该要让学生知道他应该担负的责任;倘若危机状态的持续存在是由于学生无理性的坚持所致,也不应该就此而退缩、怕学生、放纵学生,这是不对的,这会给学生带来非常错误的示范作用。

不要将学生特殊化:对校园危机事件中的主导学生,千万不可刻意凸显其地位,应该以平常心看待他,并淡化学生的特殊因素,让他们回归成为一般的学生。否则为了感情而自杀的学生被塑造成"伟大的殉情者";打架、勒索的学生变成"校园大哥";向学校无理性的抗争行为变成"打击权威的英雄";如此易变成学生模仿的对象,长此以往则校园将无宁日矣!

避免发生冲突:处理危机事件要尽量避免和个案发生冲突,因此宜理性对话。

以沟通代替对抗:有关学生问题的危机事件,宜尽量寻求沟通的渠道、方式、方法和技巧,避免以强硬的校方立场和学生僵持不下,形成对抗局面。

尽量息事宁人:学生问题毕竟稚气、单纯,因此在彼此都能退一步的状况之下,大家尽量退到一个可以妥协的空间,让事情尽快获得圆满地解决,实在不必太刻意坚持于僵化的原则或法则。

尽量避免上媒体:校园安全亮起红灯后很容易遭受责难,如果能够规避媒体的追逐,还是尽量避开为妙,以避免媒体过分地渲染或有报道不实之处,造成诸多困扰。

重要主管要在适当时机出面:如果是学生单纯的意外事件,诸如山难、火灾、车祸等事件,校长或相关主管在指挥救灾时,宜尽早站在第一线上和同仁们共同协商处理;若是牵涉到冲突、纠纷等事件,尤其是校方和学生之间的纠纷时,校长不必急于出现在第一线,应该由相关单位先了解与处理,校长除了在幕后指挥与督导之外,必要时在掌握案情状况,并已拟订最佳解决方案之后,于最佳时机出现在危机现场,如此可避免匆促、草率而无效率地在危机外围打转,让处于危机事件中的学生们认为即使校长出现也无法解决问题的窘境。

室外不如室内,站着不如坐着:冲突、对立事件,若欲寻求沟通渠道解决时,在室外沟通,倒不如将个案请到室内。彼此都站立着时,对立的气氛不易化解,倒不如都坐着,气氛会较缓和、理性,彼此也拥有较广泛的思考和对话的空间。

选择关键人沟通:危机状况若属于群众事件,则进行沟通时,宜寻求学生领袖或具影响力的关键人物作为沟通对象,除了可清楚地表达双方的意图之外,也避免人多口杂,意见纷争,产生沟通障碍。

解决策略以双赢为最佳:冲突事件在进行沟通及问题解决时,切莫抱着我赢你输的想法,因为无论哪一方绝对的赢或绝对的输,都不是最佳的解决方法,这样一时之间分出输赢的解决方式只能治标而不能治本,只有在双赢的情况下,才能永久平息争端。

②学校对学生家长的态度:

要尽早告知案情的状况:一般来说,学生在校发生问题后,应该在最短时间内让其家长知晓,方能尽快协同处理。时间拖得越长,越容易引起家长怀疑,误以为学校在掩饰些什么,这是非常忌讳的事。

安抚其情绪:如果学生因故伤亡,或因重大事故遭受严重的校规处分或法律制裁,通常家长会因羞愧、失望、沮丧、痛苦、讶异、震惊而情绪激动,因此学校应尽可能安抚其情绪。

体谅其心境:学生家长在接获学校通知其子女在学校的意外事故或异常行为时,通常第一个反应除了惊讶之外,紧接着是对事故的真伪性以及学校的处理态度持怀疑的态度,这是他们无法接受事实的正常反应。所以学校不必见怪而反应过度,反而要深入了解家长的心态,并且要去体谅家长此刻遭受子女变故的伤痛。

尊重其决定:学生若发生重大事故,有关学生权益问题,尽量尊重家长的决定,学校宜从旁协助,不宜干涉或越俎代庖,擅自为其做决定。

让其成为助力:学校在处理学生问题时,本就面临着沮丧和焦虑的压力,如果学生家长无法谅解学校的处境,或因误解学校的处理方式,可能家长会变成学校另一波的压力源,而造成学校腹背受敌的困境。因此应妥善应对学生家长,尽可能使家长转变成学校的助力,协助学校处理学生问题。

不可轻率承诺:学生家长在面临子女变故之际,可能会因激动、愤怒,对学校提出许多无理的要求,学校切不可想要早点息事宁人,或尽快解除危机,而轻率承诺。若然,则学校必然治丝益棼而徒增困扰。

③学校对记者的应对:

主动提供新闻稿:校园安全及危机事件有时候透过适当的媒体报道,反而有助于事件的澄清和说明。因此学校应考虑状况的许可性,适时主动联系记者,并提供主要的新闻稿。不过要切记一点,新闻稿内容一定要由学校发言人统整撰写,尽量减少记者发问、笔记、挖掘的机会,即使记者一定要做实地采访,也尽量由发言人发言。

态度诚恳,诚实公正:第一,不管是主动邀约记者还是记者闻风而来,学校应诚恳接待,不要刻意回避,或表现出不欢迎、不耐烦的态度。态度诚恳可增加良性地沟通,充满敌意的态度则会增加狐疑、猜测的不良反应,尤其是在无法获得满意的资讯时,可能不实的路边消息都会源源而出,这样对于学校的伤害将会非常大。第二,在提供数据时,尽量诚实公正,不过要注意的是,虽然内容要诚实,但范围却要有所规范,对于侵犯个人隐私,或会造成校园伤害的信息,则宜保留。在内容的客观性上,则以不刻意批评,不随意谩骂为原则。

亲切交谈,理性探讨问题:在提供信息时,要清晰、有条理,有疑问的地方,尽量以证据、实物、数据详加说明,倘若记者有不同意见,亦应耐心解说,不宜轻易动怒或强加辩说,以免产生无谓的争论或误会。

要建立良好的关系:学校平时即应和记者经常保持联系,并建立良好的人际关系,有了这层特殊的情感之后,记者与媒体对学校来说,绝对会是一项最好的助力。当学校教育成效良好时,相信记者们会很愿意配合报道,以促进学校教育的发展。而当学校教育产生障碍时,相信记者也会体谅学校的困境,而尽可能朝理性或建设性的方向报道,以协助学校冲淡各界的责难。

(10)主动处理善后。

①对违纪、犯法人员的处理。

如果校园安全或危机事件起因于个案违纪、犯法所致,那么在危机解除之后,应做适当地处置,绝不可放纵、姑息,任由当事人逍遥法外,否则学校若做了错误的示范之后,对学生教育,学生对社会道德的认知,以及社会价值的评估来说,都会是一种戕害。因此事后对于个案违纪、犯法部分,能做理性、适当地处置是非常必要的措施,以教育学生知晓自己若犯了过错,应该负起哪些责任。

②对受害个案的处理。

在校园安全或危机事件中,个案可能心理受创或身体受伤,学校在面对这些历经惊吓、恐慌的当事人时,应妥善做好事后的心理复健、情绪安抚、生活照料及疾病照顾等工作,使个案尽快回复到往昔正常的作息。因此学校应缜密规划,并依个案之身份(学生/教师/职员),适当安排行政人员、导师、辅导教师、训辅人员共同投入复健工作,让个案通过学校的关怀、团体的照顾走出创伤的阴影。

③对个案亲属的协助与照顾。

个案家属在面对突如其来的变故时,通常会有不知所措的困扰,因此对学校求助的渴望也会相对增强。学校应该尽力帮助家属,譬如:纠纷事件的沟通、协调;行政事项的协助办理;转学服务;以及在学校能力范围以内提供服务等,让家属能感受到学校的温馨,能够妥善协助家长排除障碍。在积极面上,善尽学校之责,维护学校形象,并增进与维护小区人际关系;在消极面上,也可避免家长出现二度危机或并发症危机。

④对社会各界及全校师生做妥善的交代与说明。

危机事件在结案以后,学校应尽快整理事件的来龙去脉,并视事件的性质对学校相关人员或对全校师生,甚至对社会各界皆应有妥善的说明,以避免讹误的谣传。

对于事件内容,可依下列纲要说明:

案情简述。

案情主因及相关人、事、时、地、物。

学校处理过程。

本案对学校造成的影响。

缺失检讨。

改进措施。

奖、惩说明。

教训与启示。

结论。

说明的时机如下:

周会——向全体师生说明。

行政会议——向学校各级主管说明。

校务会议——向学校各级主管及各学系处室、学生代表说明。

导师会议——向训辅人员、导师说明。

学校刊物——向全体师生说明。

布告——向全体师生说明。

公听会——向全体师生说明。

新闻媒体——向社会各界说明。

⑤悲伤处理。

在校园危机事件中,可能会有亡故人员。无论是当事人家属或是学校师生在面对周遭人员的死亡信息时,心里的失落和震撼都是非常大的。我们不要以为只有亲人的死亡才会令人哀恸,须知学生同侪的亲密关系,或是深厚的师生情谊,绝不亚于亲情情感,因此学校必须要很谨慎地处理师生的感觉和情绪。美国心理学家库布勒罗丝(Kulber Ross)对于人类面对亲密的人的死亡时,提出了五项失落的心理过程:

否认和孤立:在接收到亲人、朋友的死讯时,首先他会怀疑、不敢相信,也难以接受这个事实,而且在刹那间失去所爱,那种依附的失落,会令他感受到孤独。

愤怒:在了解死亡事实的存在以及无法改变时,他会进入愤怒期,愤怒其周遭人员的疏失,使他产生严重的失落;另一方面愤怒的情绪是来自于死者的离去,尤其和死者的关系越亲密,他所表现的愤怒情绪越激烈,因为他会觉得死者不应弃他而去,而留下孤独的他来承受这样的悲痛。

"讨价还价":愤怒期过后,他依然不愿接受这样的事实,于是他会试图想挽回些什么。

忧郁:经过"讨价还价"的期望期之后,他发现改变不了事实,但面对亲密的人的离去,他难以释怀,于是会进入情绪的忧郁期。这个时期的他,魂不守舍,悲伤哭泣,精神恍惚。

接受:最后他只有承认,并试图接受事实的存在。通常在面对死亡事件时,如果悲伤的情绪没有处理好的话,这些悲伤的心理阴影可能会造成日后人格发展的障碍,而影响他的一生;所以学校除了要设法抚平学校的哀伤气氛之外,对于死者的亲密人员亦应妥善实施个别辅导。

对于学生的悲伤辅导,基本上要让学生充分去悲伤,不要刻意地抑制或压抑,在悲伤过后再设法引导他认识生命的意义,以及未来应有的积极走向。

在具体做法方面:

协助家属申请保险,办理抚恤、治丧等事宜。

校长或指派学校代表参加丧礼,并向家属表示慰问和哀悼之意。

学校视状况许可,可在适当地点设置灵堂供学校师生哀悼。

辅导刊物应适时刊登相关死亡教育的信息。

透过导师感性的对话,来治疗学生的心灵伤口。

应注意特殊个案,必要时,应转介辅导中心,做好悲伤处理。

校园中有亡故人员,固然令人悲痛,但学校需要正常、安定的教育环境,因此应该逐渐引导师生接受生离死别的事实,使师生生活与情绪逐渐恢复正常。

⑥对协助单位人员表达感谢之意。

在校园安全或危机事件中,学校可能会请消防人员救火;警察人员来维护安全;救难人员搜救山难学生;地方士绅或民意代表来关怀学校、爱护学校等。不管这些单位或人员实施的是实质上的还是精神上的援助,学校都应于事后表达感谢之意。一方面建立良好的人际关系,蓄积人力资源;一方面可能在处理过程中,学校和对方尚有部分未结之事,譬如:借用的东西尚未归还,需要补办的手续和公文等,正可透过事后的谢意表达,来弥补遗漏的缺憾,避免留个尾巴,让对方结不了案,这是非常失礼的。

第三章

各类安全事件应对措施

人身伤害的应对措施

案例

2010年5月12日上午8时左右,陕西省南郑县圣水镇林场村48岁的村民吴焕明持菜刀闯入该村幼儿园,致使7名儿童和2名成年人死亡,另有11名儿童受伤,其中2名儿童伤势严重。死亡的7名儿童为5男2女,2名成人为幼儿园教师吴红英及其母亲。犯罪嫌疑人吴焕明行凶后返回家中自杀身亡。

以上案例以血的教训警示我们,要全方位加强防范措施。而中小学生应加强自我保护意识。

那么,中小学生的人身安全遇到威胁时应该怎么办呢?

1. 义正词严,当场制止

当你受到坏人的侵害时,要勇敢地斗争反抗,当面制止,绝不能让对方觉得你可欺。你可以大喝一声:"住手! 想干什么?""要什么流氓!"从而起到以正压邪、震慑坏人的目的。

2. 处于险境,紧急求援

当自己无法摆脱坏人的挑衅、纠缠、侮辱和围困时,立即通过呼喊、打电话、递条子等适当办法发出信号,以求民警、军人、老师、家长及群众前来解救。

3. 虚张声势,巧妙周旋

当自己处于不利的情况下,可故意张扬有自己的亲友或同学已经出现或就在附近,以壮声势;或以巧妙的办法迷惑对方,拖延时间,稳住对方,等待并抓住有利时机,不让坏人的企图得逞。

4. 主动避开,脱离危险

明知坏人是针对你而来,你又无法制服他时,应主动避开,让坏人扑空,以便自己脱离危险,转移到安全的地带。

5. 诉诸法律,报告公安部门

受到严重的侵害、遇到突发事件,或意识到问题严重,家长和校方无法解决时,应果断地报告公安部门(如巡警、派出所等),或向学校、未成年人保护委员会、街道办事处、居民委员会、村民委员会、治保委员会等单位或部门举报。

6. 心明眼亮,记牢特点

遇到坏人侵害你时,你一定要看清记牢对方是几个人,他们大致的年龄和身高,尤其要记清楚直接侵害你的人的衣着、面目等方面的特征,以便事发之后报告和确认。凡是能作为证据的,尽可能多地记住,并注意保护好作案现场。

7. 堂堂正正,不贪不占

不贪图享受,不追求吃喝玩乐,不受利诱,不占别人的小便宜。因为"吃人家的嘴短,拿人家的手软",往往是贪点小便宜的人容易上坏人的当。

8. 遵纪守法,消除隐患

自觉遵守校内外纪律和国家法令,做合格的中小学生。平日不和不三不四的人交往,不给坏人在自己身上打主意的机会,不留下让坏人侵害自己的隐患。如已经结交坏人做朋友或发现朋友干坏事时,应立即彻底断绝同他们的联系,避免被拉下水和被害。

此外要熟记求救热线:遇到火灾,请打"119";医疗急救,请打"120";紧急报警,请打"110"。

防范精神病患者伤害的安全知识

案例

2002年夏天在广州发生了一起精神病人连砍13人的悲剧事件。事隔多日,当地居民谈起此事,仍然心有余悸。事情发生在2002年6月28日盛夏的广州,人们都起得很早,似乎谁都不愿意错过清晨难得的凉爽,孩子们赶着上学,老人们在晨练,主妇们赶早来买早市上的新鲜蔬菜,处处呈现出宁静与和睦的气氛,谁也没有料想到一场灾难突然降临了。一名精神病患者手持利斧在白云区某菜市场周围疯狂砍人,致使5人死亡,7人重伤。在被杀害的人当中,最小的只有两岁,其中还有一对4岁和10岁的小兄妹。这对兄妹的母亲失去孩子后悲痛万分,每日在家中看着孩子的照片度日,终日以泪洗面。这起事件不仅给受害人的家庭带来巨大的伤害,很长一段时间以来当地的居民都生活在此案带来的阴影中。制造这起恶性事件的精神分裂症患者陈某,当时42岁,出事前曾在广州精神病医院接受过住院治疗。记者采访了该院的有关医生,了解到,陈某2001年2月23日出院,出院时诊断是精神分裂症,通过住院期间的治疗,出院时病情有所减轻。

据世界卫生组织的调查,人类进入21世纪,精神疾患正在全球范围内泛滥成灾。根据中国12个地区精神疾病流行病学调查显示,我国目前精神病患者约有1600万人,其中精神分裂症患者人数最多,大约有780万人,其危害性也越来越大。精神分裂症不同于其他疾病的最大一个特点就是,患者丧失理智,容易做出一些杀人放火的事情来,造成社会的恐慌。

那么,中小学生遇到这类患者如何进行安全防范呢?

1. 精神卫生中心的专家分析指出,精神病患者多是独来独往,肮脏邋遢,行为怪异,有时会对他人做出攻击行为,遇到他们,应当尽快远离、躲避,不要围观。

2. 不要挑逗、取笑、戏弄精神病患者,不要刺激他们,以免招致不必要的伤害。

3. 智能低下的痴呆者甚至醉酒者,也会做出类似精神病患者的举动,同学们也应躲避,不要刺激他们。当他们自身做出伤害他人的举动时,应当向老师、民警或其他成年人报告。

防范歹徒侵害的安全知识

案例

　　北门村附近的小女孩娟娟放学后背着书包独自一人往家里赶。罪犯王某看见娟娟脖子上挂着一把钥匙往家赶的样子,王某心想:这个小女孩家可能大人没在家的,我就跟着她待她开开门后就冲进她家抢点东西。于是王某就一直跟着娟娟,走了一段路后娟娟发现后面有个男青年一直跟着她,心里很害怕,在走到自家房子门口时,她心想:如果我现在开门进房间的话,这个坏蛋一定会冲进我家干坏事的,我不能开门。娟娟一直在家门前马路上逛来逛去,王某见娟娟没开门就躲在马路对面等。过了一会儿,娟娟看见隔壁的张阿姨走了过来,就立即凑着张阿姨的耳朵把她遇到的情况告诉了张阿姨,张阿姨叫娟娟去开门,她立即打110报警。在娟娟开门后,王某就冲上前将娟娟逼进一个小房间里反锁起来,并威胁娟娟不准喊叫,他自己就到娟娟父母的房间里翻东西。在王某翻东西时,由于张阿姨报了警,公安人员及时赶到将王某抓获。

　　社会上一些不法分子,常会以中小学生作为侵害对象,遇到这种情况可以采取下列措施:

　　1. 不能惊慌,要保持头脑清醒、镇定。

　　2. 如果只是被歹徒盯上,应迅速向附近的商店、繁华热闹的街道转移,那里人来人往,歹徒一般不敢胡作非为。

　　3. 就近进入商店、住户、机关等人多的地方寻求帮助。

　　4. 如果被歹徒纠缠,应高声喝令其走开,并以随身携带的书包、就地拣到的木棍、砖块等作防御,同时迅速跑向人多的地方。

　　5. 遇到拦路抢劫的歹徒,可以将身上少量的财物交给歹徒,应付周旋,同时仔细记下歹徒的相貌、身高、口音、衣着、逃离方向等情况,待事后立即向公安部门报告。

防范打架斗殴的安全知识

案例

午休之后，侯雨刚在座位上坐好，好友小雄就凑过来说："哥们，刚才打篮球时我和小昕闹了点矛盾……"

过了一会儿，小昕走进教室，坐在侯雨前面的座位上。侯雨说了一句："你到底会不会打球啊?"话一出，小昕回身与侯雨扭打在了一起。一时间，周围的桌椅全都掀翻在地，拉架的班长赵丽被压在了桌下，班级里顿时炸了锅。几经劝解，赵丽终于将侯雨拽到教室外："别再打了。"此时赵丽忽然瞅见侯雨的脖子上有一道口子，胸前也在淌血，赵丽吓得大声呼叫："快来人哪!"

刚出学校时，侯雨的意识还很清晰，跟同学一起往医院跑，还劝说同学："别怕，不要紧。"但到医院门口时，他喘不上气来，说了一句："我不行了。"就一跤摔倒在地上。

被送到急诊室时，侯雨的血压已为零，只有微弱的心跳。经过初步诊断，侯雨的头部有划伤、喉头有刺伤，胸腹交界处的刀伤已划及心脏表面，这直接导致了他大出血，不立即手术，会有生命危险。

下午1点50分，侯雨被推进了手术室。手术室外的走廊里，挤满了送侯雨来医院的同学。赵丽说那是把折刀，展开了有10厘米长。侯雨的妈妈守在最靠近手术室的墙角，她说："我只求我的儿子没事。"

下午3点50分，手术结束，侯雨脱离危险。

医院幽暗的走廊里，小昕抱着头坐在凳子上，妈妈和他小声说着话，几个同学围在他身旁，在同学的身后站着警察……

一句话就导致如此严重后果着实让人惊诧。我们感叹这些事情的发生是那么的可笑和幼稚，也惋惜同窗相残后的两位学生的身体与心灵的痛苦。

打架斗殴是一种与社会主义道德规范严重背道而驰的恶习，它不仅损害了他人人身健康,侮辱了人格,而且妨害了社会秩序。一旦矛盾激化,极易导致严重的斗殴、伤害和杀人案件的发生。

同学之间没有根本的利害冲突,当你成年之后,你会感到最值得怀念的就是自己的学生时代,同学之间的关系是最纯真、最美好的关系。

如果和同学发生矛盾,完全可以采用下列方法解决:

1. 要懂得谦让,以较高的姿态,主动地向对方检讨自己行为的不妥之处。即便是自己有理,也要先把双方矛盾缓和下来,等对方情绪平稳时再细论各方对错。如果双方的矛盾已无法自行解决时,应马上将情况报告给老师或家长,避免矛盾加深,引发斗殴。

2. 注意自身修养,不能有不文明行为。如果别人骂你或是被人一时冲动打了一下,就觉得受了气,吃了亏,非得也骂对方一句,也打对方一下,这样会使双方的矛盾越来越激化,最终可能升级为打架斗殴。

3. 当受到别人的无理嘲笑、起哄、谩骂或批评时,要心胸豁达开朗,切忌情绪激动,过分地生气而失去理智和他人争吵。对方骂人、动手打人是不文明行为,显示出你的气度和修养。请老师帮你解决,不要和对方一样野蛮。

4. 发现有同学打架时,现场同学不要袖手旁观,更不能火上浇油。持相同观点者,或遇有老乡、好朋友受欺侮时,不要推波助澜,避免出现打群架现象。

防范敲诈、勒索的安全知识

案例

2010年2月27日上午9时,巡警四大队接到南宁市新城区某中学一名初二学生小亮的报警,称其在学校被人敲诈勒索。据小亮称,2月10日下午,其同班同学小浩找到他,说其"老大"是社会青年,想认小亮做小弟,并称如小亮不做,"老大"就会剁了小亮。当日下午放学后,小亮便跟小浩来到东葛路与古城路的交叉口处,见到了"老大",并当场拒绝了认小弟的要求,但"老大"却以手头紧为由,叫小亮拿一两百元钱给他用,保证拿到钱后就不再找小亮麻烦。

小亮抱着去财消灾的想法,过两天便交了100元钱给"老大"。哪知事情并未就此结束,2月17日早上,小浩再次找到小亮,称"老大"叫他帮找几个小弟。小亮无奈又找了该校初一学生小明并说明情况,小明回家后便将事情一五一十地告知家长,其家长随后与小亮家长取得联系后,小亮的母亲便于当天到学校报了警。

3月16日,巡警四大队将小浩、小亮及其双方家长请到大队作了问话笔录,并做了大量的调解工作,解除了两学生及双方家长间的矛盾,而"老大"也受到了相应处理。

敲诈勒索,是指以非法占有为目的,对被害人实施威胁或者要挟,强行索取财物的行为。常见的敲诈勒索方式有以下几种:

口头威胁:有时在上学放学的路上,会被一些不法分子截住,威胁同学们给他们带钱带物。

带条子威胁:有些违法分子,选择好对象后,就写条子让其他同学带给对方,条子上写着要物品的名称或现金的数目。

不管是哪种敲诈勒索的方式,都属于违法行为,如果性质严重则构成犯罪。

那么,当遭遇敲诈、勒索时,应该怎么办?

1. 反抗法:当对方与你相当或不及你时,可予以反击,制服对方;当对方有一薄弱处时,你可出其不意揪住不放控制对方;当你发现地上有反击物(如石块 木棒)时,你可佯装蹲下系鞋带捡起来震慑对方。欺软怕硬是歹徒的共同特点。

2. 感召法:通过讲道理,晓以利害,启发对方;或义正词严地怒斥对方,使其自我崩溃,自动放弃违法行为。因为打劫者中也有初犯、偶犯者,其心理较为脆弱。

3. 周旋法:佯装服从,稳住对方,分散对方注意力,松懈对方警惕性,拖延时间,寻机报警。

4. 号叫法:突然倒在地上打滚,喊叫号哭,引来旁人围观,令歹徒惊慌失措,你可趁机报警。或者突然大吼"救命啊……"引来旁人关注,令对方惊恐不安,趁机脱身。

5. 认亲法:当不远处有大人时,你可佯装惊喜万分,跑过去高呼"表哥"

或"二叔",把歹徒吓走。

6. 抛物法：把书包或身上值钱的物品向远处抛去，并生气地说："给你！给你！全部给你！"当歹徒忙于捡钱、物时，快速脱身报警。

总之，遇到歹徒敲诈勒索，不能急躁，不能硬拼，也不能一味顺从。硬拼的结果会导致无谓牺牲，一味忍让顺从将会招致无穷后患。此外要牢记，遭遇敲诈勒索一定要告诉学校老师和家长，一定要报警。

防范绑架、劫持的安全知识

案例

2009 年 11 月 10 日中午，广州天源路某小学五年级男孩小俊被两名男子当街掳走。当晚，小俊父母接到绑匪电话，对方开口就索要 100 万元赎金。在被绑架 31 个小时之后，男孩通过自救冲出牢笼，并一个人坐出租车回到家中。

绑架罪，是指利用被绑架人的近亲或者其他人对绑架人安危的忧虑，以勒索财物或满足其他不法要求为目的，使用暴力、胁迫或者麻醉方法劫持或以武力控制他人的行为。

一、如何预防被绑架

1. 平时养成朴素的生活习惯，不要炫耀自己或家中如何有钱，更不要随便带陌生人到家中"参观"。

2. 外出、上学和放学要尽量结伴同行，外出时要告诉家长，并说明返家时间，不要随意在外逗留。

3. 如果有人突然来找你以"你家中出事了"或"你父母生病、出车祸"等等为由，要你离开学校或家中时，应首先设法与家人联系查证并将此事告诉你的老师或邻居。

4. 如果在途中发现有人盯梢跟踪，应设法将其甩掉并报警。

二、当遇到绑架、劫持时应该怎么办

如果不幸被绑架、劫持，要保持冷静，并想方设法摆脱歹徒的控制。

1. 遇到劫持，不要过分挣扎，以免犯罪分子对被绑架者进行身体伤害。要尽量拖延时间，记住犯罪分子的体貌特征、车辆型号和牌照号码等。

2. 如果被蒙上眼睛，要尽量将听到的线索默记在心里，如犯罪分子的谈话内容、他们互相之间的称呼等等，到达藏匿地点后，要尽量了解藏匿地点的环境特点，与犯罪分子周旋。尽量避免激怒犯罪分子。

3. 利用一切可能的机会，寻求他人帮助，摆脱歹徒的控制。

防范抢劫、抢夺的安全知识

案例

2004 年 11 月 26 日晚上，犯罪嫌疑人何某某、王某某、谌某、黄某某、童某某在一起喝酒时，王某某提出说去抢点钱来花。于是，当天晚上将近凌晨时，上述五人外出寻找目标。五人来到湖里兴隆路正遇上骑自行车上晚自习回家的被害人林某，上述犯罪嫌疑人上前将林某的自行车踢倒，并将林某推倒，犯罪嫌疑人何某某还用随身携带的水果刀将林某的大腿捅伤，五人抢了林某身上的一部手机和 200 多元现金，逃离了现场，被害人林某因被捅伤后失血过多而不治身亡。事后犯罪嫌疑人张某在明知上述犯罪嫌疑人抢劫犯罪的情况下，还让上述犯罪嫌疑人在其住处留宿。检察机关对该案审查后，对犯罪嫌疑人何某某、王某某、谌某、黄某某、童某某以抢劫罪批准逮捕，犯罪嫌疑人张某因留宿何某某等犯罪嫌疑人也被逮捕了。

抢劫罪，是指以非法占有为目的，当场使用暴力、胁迫或者其他方法，强行劫取财物的行为。抢夺，则是指以非法占有为目的，乘人不备公然夺取他人财物的一种犯罪行为。

近年来,抢劫犯罪日益增多,罪犯也逐渐呈低龄化趋势,学生逐渐成为犯罪分子的首选对象。对此,同学们要认真对待。

一、对于抢劫、抢夺如何防范

1. 要有防范意识。

2. 上学或放学的路上,同学们最好结伴同行,相互帮助。

3. 身上不要携带太多的现金或贵重物品,女生不要佩戴金银首饰或玉器。

4. 平时,不要花钱大手大脚,以免引起不良青少年或犯罪分子的注意。

5. 单独在家,不要轻易为陌生人开门,更不要为不认识、并声称是家长的同事或朋友的人开门。如果发现类似情况,要立即拨打电话告诉父母。

6. 平时注意锻炼身体,有了强健的体魄,即使一时无法将犯罪分子制服,也可以快速逃避。

二、一旦遭遇抢劫,应该怎么办

1. 尽力反抗。只要具备反抗能力或有利时机就应发动进攻,以制服作案人或使其丧失继续作案的心理和能力。

2. 尽量纠缠。可利用有利地形和身边的砖头、木棒等足以自卫的器械与作案人对峙,使其短时间内无法近身,以便引起人们的注意和援助,对作案人造成心理压力。

3. 设法脱身。实在无法与作案人抗衡时,可以看准时机向人多、灯亮的地方或宿舍区奔跑。

4. 麻痹对手。当自己处于作案人控制之下而无法反抗时,可先按作案人的要求交出部分财物。同时要对作案人晓以利害,从而造成作案人心理上的恐慌,也可尽量缓和气氛,使作案人放松警惕,看准时机逃脱。

5. 注意观察。趁作案人不注意时在其身上留下记号,如在其衣服上擦点泥土、血迹,或在其口袋中装点有标记的小物件等,在作案人得逞逃走时悄悄尾随其后,观察逃跑方向,为警方破案提供线索。尽量准确记下体貌特征,如身高、年龄、体态、发型、衣着、胡须、口音、行为等。

6. 及时报案。脱身后要及时报案,尽量准确描述作案人体貌特征,使犯罪分子尽早被绳之以法。

防范不速之客伤害的安全知识

案例

　　北京方庄曾发生过这样一件事:暑假的一天,小明的爸爸妈妈都外出了。快中午11点了,小明等得好心急。突然门铃响了,他一个箭步窜到门口,以为爸爸妈妈回来了。刚把房门打开,三条恶汉就扑了进来,还没等小明明白过来,他已经被捆绑起来了。小明眼睁睁地看着他们把家中的现金、存折偷走,然后跑掉了。后来,小明滚到房门口,大声地呼救。小明受到了很大的惊吓,但也长了不少见识。

　　那么,如何防范有不速之客的伤害呢?

　　1. 单独在家,一定要锁好防盗门。即使与来访者交谈,也要隔门而答。

　　2. 晚上开灯后,要拉上窗帘,不要让人从窗外看到是一个孩子在家的情景。不带同学来家里,但可以与同学通电话。

　　3. 除非特殊情况,不要给陌生人开门,不论他说出什么借口。陌生人来电话,也不要透露现在就你一人在家的情况。

　　4. 当窃贼已经溜进家中,不要盲目反抗,也不要盲目呼救。要切记:保护生命不受伤害是第一位的。如果坏人入室,只是为了钱财,不适当的反抗只会带来危害。要知道,被抢走的财物和金钱不管多贵重也是身外之物,而生命只有一次,爸爸妈妈不会责怪你的。

　　5. 若窃贼进屋时,没有发现家中还有一个孩子,这时不可盲目喊叫,要迅速做出反应,藏起来。当他们乱翻找东西时,寻找时机,跑出去报警或求救。如果自己的举动被坏人发现了,让你不要反抗,你不要阻止他们拿走家中的东西。

　　6. 如果你回家时发现有人跟踪你,发现有人在窗外偷看,或有人故意和你纠缠,你一定要警惕。如果发现家中门窗已经被撬坏,你不可进屋去看个究竟,可能坏人还在屋里,你应立即去报警。

7. 如何报警:报警的电话是"*110*";要详细、清楚地说明白家庭的位置;若见到了坏人,要讲清楚坏人的特征,比如性别、个子大约有多高、胖瘦、脸型、发型、身上明显的标记等等。

8. 平时一定要记住父母的电话、本地派出所的电话,最亲近的邻居的电话。

防范滋扰的安全知识

案例

　　某日傍晚,一伙由九人纠集而成的社会流氓强行窜入某中学校园,以兄弟的堂妹被人谩骂为由,直奔教学楼三楼八(5)班教室,欲对正在里面上自习的温学良同学进行殴打。值日教师伍秉和闻讯赶来劝阻,力劝他们不要影响学生上课,到教师办公室进行调解,但这伙人气焰十分嚣张,不仅不听劝解,反而与伍老师争执推搡起来,并挥拳砸向伍老师胸前,伍老师被迫奋起自卫。王荣华等老师闻讯赶来,在劝阻和推搡中王老师也被一顿乱拳击中,手肿了,胸部受伤,衣衫破败。"甭想走出校门半步! 出一个打一个! 剁掉你们!"在派出所民警赶来之前,这伙人还口出狂言,恶狠狠地威胁道,继而扬长而去。

　　滋扰,从广义的角度讲,是指外部人员无视国家法律和社会公德而寻衅滋事、结伙斗殴、扰乱社会秩序等行为。从狭义的角度讲,校园内的滋扰主要是指对校园秩序的破坏扰乱,对中学生无端挑衅、侵犯乃至伤害的行为。

　　一般情况下,在校园内遇有流氓滋事,一方面要敢于出面制止或将流氓分子扭送有关部门,或及时向学校保卫部门报案,或打"*110*"电话报警,以便及时抓获犯罪嫌疑人,予以惩办;另一方面,要加强自身的修养,冷静处置,不因小事而招惹是非,积极慎重地同外部滋扰这一丑恶现象作斗争。

　　具体地说,中学生在遇到流氓滋事时,应注意把握以下几点:

1. 提高警惕,做好准备,正确看待,慎重处置。面对违法青少年挑起的流

氓滋扰,千万不要惊慌,而要正确对待。要问清缘由、弄清是非,既不畏惧退缩、避而远之,也不随便动手,一味蛮干,而应晓之以理,以礼待人,妥善处置。

2. 充分依靠组织和集体的力量,积极干预和制止外部滋扰行为。如发现流氓滋扰事件,要及时向老师或学校有关部门报告,一旦出现公开侮辱、殴打自己的同学等类恶性事件,要敢于挺身而出,积极地加以揭露和制止。要注意团结和发动周围的群众,对滋事者形成压力,迫使其终止滋扰。

3. 注意策略,讲究效果,避免纠缠,防止事态扩大。在许多场合,滋事者显得愚昧而盲目、固执而无赖,有时仅有挑逗性的言语和动作,叫人可气可恼而又抓不到有效证据。遇到这种情况,一定要冷静,注意讲究策略和方法,一方面及时报告并协助有关部门进行处理;另一方面采取正面对其劝告的方法,注意避免纠缠,目的就是避免事态扩大和免得把自己与无赖之徒置于等同地位。

4. 自觉运用法律武器保护他人和保护自己。面对流氓滋扰事件,既要坚持以说理为主,不要轻易动手,同时又要注意留心观察、掌握证据。比如:有哪些人在场,谁先动手,持何凶器,滋事者有哪些重要特征,案件大致的经过是怎样的,现场状况如何,滋事者使用何种器械、有何证件,毁坏的衣物和设施是什么,地面留有什么痕迹,等等。这些证据,对查处流氓滋事者是很有帮助的。中学生除积极防范和制止发生在校园内的滋扰事件外,更应加强自身修养,不断提高自己的综合素质,严格要求自己,决不能染上流氓恶习而使自己站到滋事者的行列中去。

防范性侵犯的安全知识

案例

　　一天下午放学后,某校六年级 6 名女生向班主任老师反映,在过去几个月的时间里,数学老师余某对她们"耍流氓",以给她们讲题为由,在课后将其单独留下,一边说些不好听的话,一边对她们动手动脚,摸其胸部、蹭其脸部、或对其搂抱等,并将其中个别女生的裤子脱掉后,在其下身乱摸等。闻此消息,班主任老师十分震惊,立即向校长进行了反映,校长遂将此事向教育局进行了反映。而就在同一时间内,学校和教育局也分别收到了匿名信,举报涉案数学老师余某猥亵女生之事。在调查确定此事属实后,教育局决定对余某立即停职检查。在此期间,当地派出所也接到了以匿名信方式对此案进行报案的材料。随着公安机关的介入,此案逐步被揭开。

2004 年 11 月 30 日,余某因涉嫌犯猥亵儿童罪,被公安机关刑事拘留,12 月 30 日被检察机关批捕。

校园性骚扰、性侵害事件时有发生。什么叫性侵犯呢?就是指一个比小孩大的人,利用小孩满足他的性需要。性侵犯不一定是性交行为,也包括抚摸、手淫、不正当接吻、窥淫、暴露性器官、看淫画等行为。男孩或女孩都可能是受害者。当一方在不愿意的情形下被另一方强行触摸身体某些较为隐私的部位,如臀部、胸部、生殖器官、腿部等等,以及做本人不愿意的事,就产生了性伤害或性虐待,这就是对身体权利的侵犯。

社会是复杂的,所以在与异性交往中,要学会保护自己,防止某些居心不良的人伤害自己。自护方法有如下几点:

1. 身体的隐私部分不可以让外人接触,例如内衣和泳衣遮盖部分,就不可以让外人摸。用不尊重的行为强行触摸你身体某些隐私部位的人,可能是你比较熟悉的人,甚至是你所爱戴的人,也有可能是陌生人,但更多情况下是你所熟悉的人。所以,要从亲情的束缚中跳出来,向值得信任的人讲出实情,求得他们的帮助,避免再次或多次受伤害。

2. 侵犯他人身体权利,可能发生在成年人与孩子之间,也可能发生在父母一方和自己的孩子之间,还可能发生在兄弟姐妹之间,男孩与女孩之间,男孩与男孩之间,女孩与女孩之间也可能发生侵犯行为。因此,要有自我保护的意识,懂得保护自己的身体不受侵犯。

3. 必要时丢掉虚荣心,大胆地向妇联、法院、执法部门检举、控告有性侵犯行为的亲属的罪行,将其绳之以法,这种大义灭亲是迫不得已的,不是你的错,不必为此而忏悔。

4. 要警惕经常给你送糖果或其他礼物的大孩子、大人甚至老人,留神他们别有用心。中小学生尽量不要单独一人与异性接触。必须时刻牢记：你的身体属于你自己，如果有人对你的身体动手动脚，而你讨厌那样的行为，或者你认为这是不应该的，就应该对他喊："不！""住手！""别这样！"也许有人在你面前说一些下流话，用不文明的词语描述你身体的某些隐私部位，而这种行为使你觉得恼怒，就命令那家伙"住嘴"！要明白，这些令人讨厌的行为实际上是在对你进行骚扰，虽然他只是说说而已，没有对你动手动脚，但他的行为就是性骚扰行为。你还可以及时把这些遭遇告诉爸爸妈妈。

5. 如果有人对你进行身体上的侵犯或骚扰，千万别闷在心里，你应该把这样的事情告诉你的亲属，即使是有人警告你要保守秘密，你也应该说出来，而且一定要尽早，要快。如果你告诉的第一位听众不相信你，那就应该告诉第二位，一直到有人相信你，并且理解你。请千万记住，有人对你进行性骚扰，这绝对不是你的错。

6. 不要将不熟悉的异性带进家中，不要与陌生人约会，也不要去他人住处。

7. 乘出租车时，最好约一个伴儿，不要独自在晚间乘出租车。

防范被"色狼"攻击的安全知识

案例

一位16岁花季的女中学生，在父母出差时，约同学到家里搞音乐沙龙。其中一名男同学与自己的表哥讲述了聚会情景及女同学的善良美丽。

这天晚上7点钟，这名居心叵测的男青年轻而易举地敲开了女同学家的大门："我是来送一本内部音乐公社资料，并请你和你的同学加入公社。"

她正沉醉于自己的音乐追求中，却被陌生人在家中强奸了。事发后，那个坏蛋扬长而去，她却不敢报案，只是哭诉给一个最要好的女友听。"为什么你不喊？""他腰里有枪，说是要喊就毙了

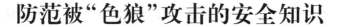

我。""想想他能是谁?""不知道。"

一、如何防范"被色狼"侵害

1. 超前的防范意识

未成年少女如含苞欲放的花蕾,最容易成为"色狼"攻击的对象,所以必须有强烈的自我防卫意识。未成年少女体力有限,社会经验较少,不要轻信陌生人的许诺。对熟悉的男性也应保持交往距离,掌握活动的合适地点和方式。例如,女生去男教师办公室或宿舍,应该将屋门打开半边,或是两三人结伴去。女生不要穿过于暴露身体的衣着,穿校服是对自己最好的保护。少女身体的任何部位,是不能允许男性随便亲近和抚摸的。少女还应向母亲和其他成熟女性请教与异性交往的常识和自护的方法。一般来说,中小学女生都不适合与一位异性单独相处,有老师和家长监护的小组和集体活动比较安全。最根本的预防措施是,使自己置身于受保护的环境中,避免与陌生男子单独接触,使自己不要脱离家庭、学校和社会的保护,就不致造成不幸事件的发生。

2. 冷静的分析

如果你的同学朋友中有的特别爱谈"性",要疏远他。带到家中的女伴,如果爱交往男友要警惕。有的男教师要单独留你或约你去他家,请慎重思考,一般应有伙伴同去为好。陌生男人问路并请你带路,不要去。陌生男人敲门,无论什么急事、好事,不要开门,等大人回来再说。有大献殷勤的男人,请你喝饮料、吸烟,应留心不要被"麻醉"。

3. 灵敏的反应

一个下晚自习的女孩,被一个男人跟踪,途中,她装得若无其事,还假装与他很谈得来。男人要领她去公园亲热,她说今晚有雷雨,明晚再来陪你"玩"。犯罪人信以为真,把她送回"家"(别处的一座单元楼)。次日,女孩带公安人员将犯罪人抓获。

4. 顽强的忍耐

要想达到自我保护和防卫成功的目的,必须具备顽强的忍耐能力,绝不能由于肉体、精神受到伤害而失去反抗的信心。如果女孩子具有极强的忍受严重伤害和痛苦的能力，就会给犯罪人精神上造成巨大压力，行为上造成诸多障碍，使犯罪目的难以得逞。万一遇到坏人，应立即报案。

5. 全方位的防卫

呼救，这是所有女孩子都会做的。放开喉咙尖叫，一是表示反抗，二是呼呼救助。万一陷入困境时，应竭尽全力还击歹徒。自己的头、肩、肘、手、胯、膝、脚都可以成为攻击的武器。要设法击中歹徒的身体要害，如踢他性器官，会使其疼痛难忍，放弃其罪恶的行径。也可以不失时机地咬他的舌头或耳朵。

二、注意防卫的细节

1. 外出，应了解环境，尽量在安全路线上行走，避开荒僻和陌生的地方。

2. 晚上外出时，应结伴而行。衣着不可过露，不要过于打扮，切忌轻浮张扬，尤其是年幼女学生外出。

3. 女学生外出要注意周围动静，不要和陌生人搭腔，如有人盯梢或纠缠，尽快向大庭广众之处靠近，必要时可呼叫。

4. 女学生外出，应随时与家长联系，未经家长许可，不可在别人家留宿。

5. 独自在家，注意关门，拒绝陌生人进屋。对自称是服务维修的人员，也告知他等家长回来再说。

6. 晚上单独在家睡觉，如果觉得屋里有响声，发觉有陌生人进入室内，不要束手无策，更不要钻到被窝里蒙着头，应果断开灯尖叫求救。

7. 受到了性侵犯，要尽快告诉家长或报警，切不可害羞、胆怯延误时间，丧失证据，让疑犯逍遥法外。

8. 要经常检查集体宿舍的门窗。发现门窗损坏，及时报告学校有关部门修理。

9. 女生就寝前，要关好门窗，在天热时也不能例外，防止犯罪分子趁自己熟睡作案。

10. 夜间上厕所，要格外小心。如厕所照明设备已坏，应带上电筒，上厕所前先仔细查看一下。

11. 夜间如有人敲门问讯,要问清是谁再开门。如发现有人想撬门砸窗闯进来,全室同学要一起呼救,并准备可供搏斗的东西,作好齐心协力反抗的准备。

12. 周末或节假日,其他同学回家,最好不要独自一人住宿。回宿舍就寝时,要留心门窗是否敞开,防止有犯罪分子潜伏待机作案。如遇异常情况,可请一二位同学同时进去,以确保安全。

13. 无论一人或多人在宿舍,当犯罪分子来侵害时,都要保持冷静的态度,做到临危不惧,遇事不乱。一方面呼救,一方面与犯罪分子作坚决斗争。

防范校园偷盗的安全知识

案例

　　20 岁的被告人周某曾因盗窃罪入狱一年零三个月,刑满释放后,周某没有找到工作,依然混迹于社会。去年的一天中午,周某在某学校附近一家餐馆吃饭时,因周某长得娇小可爱,店老板将周某误认为对面学校的学生,周某便有了冒充学生去学校行窃的念头。第二天中午,周某趁学生吃午饭之机,混入校园,躲藏在厕所内,当下午高一某班学生上室外体育课时,她潜入该班教室,从学生书包内共窃得人民币 1100 元。第一次得手后,周某便一发不可收拾,自去年 9 月至 11 月,周某先后四次混入该学校,窃得人民币 5870 元及手机一部,共计价值人民币 6740 元。当她第四次偷窃后想溜出校园时,被学校保安截获。

从以上案例可以看出,偷窃者并不可貌相,所以同学们要警惕陌生人。

一、常见的偷盗方式

1. 借口找人,投石问路。外来人员流窜盗窃,首先要摸清情况。包括时间、地点、治安防范措施等。往往以借口找人为由打探虚实,一旦有机会就立即下手。

2. 乱闯乱窜,乘虚而入。有些犯罪分子急于得到财物,根本不"踩点",而是以找人、借东西为由,不宜下手就道歉告退,如有机会立即行窃。

3. 见财起意,顺手牵羊。有些偶然的机会,使盗窃分子有机可乘。看见别人的摩托车、自行车没锁,顺手盗走。趁宿舍内无人,将他人放在床上的钱物窃为己有。

4. 伪装老实,隐蔽作案。个别人从表面看为人老实,工作、学习积极,实为用此作掩护,作案后不会被人怀疑。

5. 调虎离山,趁机盗窃。有些人故意提供虚假"信息"诱你离开宿舍,然后趁室内无人行窃。

6. 浑水摸鱼,就地取"财"。宿舍内发生意外情况或学校组织大型活动时,乘人不备,进行盗窃。

7. 里应外合,勾结作案。学校学生勾结外来人员,利用学生情况熟的特点,合伙作案。

8. 撬门拧锁,胆大妄为。不法分子趁学生上课、假期宿舍无人等时机,大胆撬门拧锁,入室盗窃。

二、如何做好防盗措施

作案人到教室和宿舍行窃时,往往要找各种借口,如找什么人或推销什么商品等,见管理松懈、进出自由、房门大开,便来回走动、窃测张望、伺机行事,摸清情况、瞅准机会后就撬门扭锁大肆盗窃。

遇到这种可疑人员,同学们应主动上前询问,如果来人确有正当理由一般都能说清楚。如果来人说不出正当理由又说不清学校的基本情况,疑点较多,其神色必然慌张,则需要进一步盘问,必要时还可以请他出示身份证、学生证、工作证等身份证明。经核实身份无误又未发现带有盗窃证据的,可交值班人员记录其姓名、证件号码、进出时间后请其离去。如果发现来人携有可能作案工具或赃物等证据时,可一方面派人与其交谈以拖延时间,另一方面打电话给学校保卫部门尽快来人做调查处理。

1. 离开宿舍或教室时,哪怕是很短的时间,都必须锁好门,关好窗,千万不要怕麻烦。一定要养成随手关灯、随手关门、随手关窗的习惯,以防盗窃犯罪人乘隙而入。

2. 妥善保管好贵重物品。将贵重物品锁入小柜，或随身携带，室内无人时要锁门、关窗。

3. 下课后将书包背回宿舍，不要图方便放于教室内，以防物品丢失。

4. 现金存入学校银行，存折加密。密码、存折、身份证等要分开存放，不要将密码告知他人。

5. 严格落实《学生宿舍管理规定》，不随意留宿他人，对外来人员要提高警惕、加强防范。

6. 同学之间搞好团结，互相关心、互相帮助。发现异常情况，及时向有关部门报告。

7. 发现形迹可疑的人应加强警惕、多加注意。

防范诈骗的安全知识

案例

2009 年的一天，拉堡的韦先生坐中巴车回土博老家。在车上，他遇上一伙人设开赌局骗人钱财。韦先生没有上当，但他看到有乘客不幸"中招"，其中一个女中学生被骗走 300 元。

当日，韦先生从拉堡搭乘一辆开往土博的中巴车，回老家探亲。车刚开出不久，韦先生突然听到后排大声喧哗："快点押，快点押，要开牌了。"韦先生回头一看，几个人围着一个外地口音的男子。该男子将座位腾出来，在座位上摆三张牌，每张牌旁边都放着 10 元、20 元不等的钱。随后，外地男子翻开牌，马上有个男子高兴地将所有钱收入囊中。

"很容易猜中。"那个外地男子说：三张牌，两张黑色一张红色，只要猜中红色牌就能赢钱。韦先生说，他看到晚报上登过有人在车上设赌局骗钱的新闻，所以他不相信"容易中"。他还发现刚才赢钱的男子与庄家说话口音相似，他怀疑是媒子，更加不相信。一位 50 多岁的老人和一个妇女禁不住"诱惑"，参与赌牌。刚开始，他们有所"收获"，但后来就不断输钱。

　　巧的是回程的路上,韦先生在车上又遇见这伙外地人在车上
"开局",一个十几岁的女学生也参与其中。韦先生说,这伙人很
狡猾,分别在不同的地方下车。这伙人下车后,有人告诉女学生
她被骗了。女学生一听,急得哭起来。她说,她一共输掉300元,
这些钱是父母给她的生活费。后来,车上乘客帮女学生报了警。

　　韦先生说,他发现妇女、老人和未成年人比较容易上当。这
类人群要提高防范意识,外出时不要随便和陌生人交谈,乘车出
远门时最好有个伴。

不法分子的诈骗手段五花八门,形式多种多样:有的谎称学生在校外
发生意外,急需用钱,利用家长的焦急心理,要求家长立刻汇钱至某地;有
的谎称是学生的同学,生重病或其他困难,利用同学家长的同情心理,要求
汇钱至其指定的银行账户;有的等候在校外,在学生上放学途中进行诈骗;

有的伪装成学校员工或学生家长混入学校行骗等。

　　为防止类似诈骗的事件再次发生,要求同学们做到如下:

　　1. 提高防范意识。在日常生活中,在提倡助人为乐、奉献爱心的同时,
要提高警惕性,不能轻信花言巧语;不要轻易相信陌生人,不随意向外人提
供自己的信息,如:家庭住址、电话号码、密码、父母身份、家庭经济状况等
信息。遇到有人向自己推销商品填写资料时,应婉拒对方并要求其出示证
件核实身份。

　　2. 不要贪图小便宜。诈骗活动得逞的一个先决条件是利用了受骗者
爱占小便宜的心理。

　　案例

　　长春某校学生李某寒假乘公共汽车回家,遇车上有两男子叫
卖皮衣,称原价1800元,现价680元。随即便有两人每人付680
元各买了一件。李某看其所卖皮衣油黑发亮,手感也挺细腻,便
欲买一件赠与哥哥。在与卖衣人讨价还价过程中,卖衣人说,如
果诚心买的话500元就卖,如果买两件就800元。李某高兴地付
了800元买了两件,到家后才知是假皮衣。

李某之所以上当受骗,是因为其不识货,不掌握行情而只图便宜。这种图小便宜的心理往往是骗子行骗成功的先决条件,那两个先花680元买衣的人其实就是所谓的"托"。李某在不认真假、不明真相的情况下,只能是"贪"小便宜吃了大亏。

3. 不要在马路上向无证摊贩购买自己不了解合理价格和质量标准的商品。不要听信货摊周围有人叫好、喊便宜,甚至争先恐后去抢着买,说不定他们就是所谓的"托"。

4. 提防魔术行骗。许多魔术行骗看似公平,实则暗藏机关,一般人看不出他们做的手脚。如果稍有不慎,行骗者就有可乘之机,让你尝点甜头后,把你宰得头破血流。因此,遇到摆摊的魔术,一定莫入圈套。

5. 不要轻易参与骗子的游戏活动。骗子的意图有时很容易被人看破,但是他们往往利用人们的好奇心理或参与心理引你上钩。如一些马路骗子在街头巷尾摆设的游戏,他们总是先引诱你参与,设法使你在参与中享受到乐趣,尔后诈骗你的钱物。

6. 警惕骗子利用封建迷信诈骗。一些骗子利用看病、算命骗钱,利用想尽快看好病的心理引你上当,心甘情愿地拿钱去看病,其实得病就要到正规医院去诊治,不要被迷信迷惑。

7. 如果遇到类似情况应尽快与学校、班主任和自己的家长取得联系,及时核实陌生信息的真伪。

8. 同学们外出时要征得家长或监护人的同意,并向家长或监护人告知去向,注意交通、人身、财产等方面的安全。外出活动时,不要到危险的地方去,要远离建筑工地、道路等存在安全隐患的场所;未经父母同意不得到别人家里过夜,不要与社会闲杂人员以及陌生人交往和随行,不要与信不过的异性单独相处;自己在家时,如有陌生人来访,不要私自开门,并及时与家长取得联系。

俗话说得好:"害人之心不可有,防人之心不可无。"希望同学们树立起较强的安全意识,主动地做好自身的安全防范。

防范拥挤踩踏的安全知识

案例

　　2009 年 12 月 7 日晚 10 时许,湖南省湘潭市辖内的湘乡市私立学校育才中学,晚自习下课后,在同学们下楼梯的时候,发生一起伤亡惨重的校园踩踏事件,共造成 8 名学生遇难,26 人受伤。

　　拥挤是一种在很短的时间内,因为某种突发的原因,在人员集中的场所内引起的情绪亢奋、行动过激、人群大量聚集的失控现象。拥挤是突发事件,同学们难免遇到。当我们遇到拥挤情形时应该保持冷静,沉着应对,谨防因为突发的拥挤致使人身伤害事件发生。公共场所发生人群拥挤踩踏事件是非常危险的,当身处这样的环境中时,一定要提高安全防范意识。在行进的人群中,如果前面有人摔倒,而后面不知情的人若继续向前行进的话,那么人群中极易出现像"多米诺骨牌"一样连锁倒地的拥挤踩踏现象。为此,专家分析认为,在人多拥挤的地方发生踩踏事故的原因有多种,一般来讲,当人群因恐慌、愤怒、兴奋而情绪激动失去理智时,危险往往容易产生。此时,如果你正好置身在这样的环境中,就非常有可能受到伤害。在一些现实的案例中,许多伤亡者都是在刚刚意识到危险时就被拥挤的人群踩在脚下,因此如何判别危险,怎样离开危险境地,如何在险境中进行自我保护,就显得非常重要。

一、造成校园拥挤踩踏事故的原因

　　1. 时间多在放学或集会、就餐之时,学生相对集中,且心情急迫。

　　2. 事故发生地点多在教学楼一、二层之间的楼梯拐弯处。上面几层的学生下到此处相对集中,形成拥挤。

　　3. 学生不易控制自己的情绪,遇事慌乱,常常出现拥挤并大喊大叫的现象,使场面失控。

　　4. 学生不善于自我保护,在拥挤时或弯腰拾物被挤倒,或被滑倒、绊倒,造成挤压事故。

5. 平时缺乏对事故防范知识的学习和训练,无应急措施。

6. 有个别学生搞恶作剧,遇有混乱情况时狂呼乱叫,推搡拥挤,以此发泄情绪或恶意取乐,致使惨剧发生。

7. 晚上突然停电或楼道灯光昏暗,造成拥挤事故。

8. 楼梯较窄,不能满足人员集中一起上下的需要。

二、预防拥挤踩踏常识

1. 上下楼梯要相互礼让,靠右行走,遵守秩序,注意安全。

2. 在上操、集合等上下楼活动中,不求快,要求稳。

3. 不在楼梯间打闹、搞恶作剧等。

三、发生人群拥挤如何自救自护

1. 发觉拥挤的人群向着自己行走的方向涌来时,应该马上避到一旁,但不要奔跑,以免摔倒。

2. 如果到达楼层时有可以暂时躲避的宿舍、水房等空间,可以暂避一时。切记不要逆着人流前进,那样非常容易被推倒在地。

3. 若身不由己陷入人群之中,一定要先稳住双脚。切记远离玻璃窗,以免因玻璃破碎而被扎伤。

4. 遭遇拥挤的人流时,一定不要采用体位前倾或者低重心的姿势,即便鞋子被踩掉,也不要贸然弯腰提鞋或系鞋带。

5. 如有可能,抓住一样坚固牢靠的东西,待人群过去后,迅速而镇静地离开现场。

6. 在拥挤的人群中,要时刻保持警惕,当发现有人情绪不对,或人群开始骚动时,就要做好准备,保护自己和他人。

7. 在拥挤的人群中,千万不能被绊倒,避免自己成为拥挤踩踏事件的诱发因素。

8. 在拥挤的人群中,一定要时时保持警惕,不要总是被好奇心理所驱使。当面对惊慌失措的人群时,要保持自己情绪稳定,不要被别人感染,惊慌只会使情况更糟。惊慌可以,万万不可失措。

9. 已被裹挟至人群中时,要切记和大多数人的前进方向保持一致,不

要试图超过别人,更不能逆行,要听从指挥人员口令。同时发扬团队精神,因为组织纪律性在灾难面前非常重要。专家指出,心理镇静是个人逃生的前提,服从大局是集体逃生的关键。

10. 举止文明,人多的时候不拥挤、不起哄、不制造紧张或恐慌气氛。

11. 应顺着人流走,切不可逆着人流前进,否则,很容易被人流推倒。

12. 在人群中走动,遇到台阶或楼梯时,尽量抓住扶手,防止摔倒。

13. 当发现自己前面有人突然摔倒时,要马上停下脚步,同时大声呼喊,告知后面的人不要向前靠近。

14. 若被推倒,要设法靠近墙壁。面向墙壁,身体蜷成球状,双手在颈后紧扣,以保护身体最脆弱的部位。

防范劳动课伤害的安全知识

案例

2007年5月,田东县那拔镇13岁的学生小何上劳动课被老师安排刷油漆时,意外被烧伤。家长为此将相关各方告上了法庭。次年10月小何收到了田东县法院的判决书,法院判其中两被告赔偿他27万余元。

一、学校劳动课应注意以下安全事项

1. 劳动课由班主任负责,班主任上劳动课前要点名,检查人数,并进行必要的安全教育,说明注意事项。学生劳动过程中,班主任必须在场,督促学生遵守劳动纪律,指导学生正确使用劳动工具,确保安全。

2. 劳动课前必须对所领工具进行检查,发现问题应更换或及时修理,以免劳动过程中伤人。

3. 劳动期间,学生必须认真完成任务,不得嬉戏,更不可以用手中的工具相互打闹。班主任应监督学生的劳动,发现不良行为应及时制止,并严肃处理。

4. 劳动课中,如需进行高空或其他有危险的作业时,则必须有安全保护措施,否则,不得进行。

5. 对患有慢性疾病,或做手术后不宜参加体力劳动的学生,班主任要心中有数,并给予妥善安排休息,不能盲目要求他们劳动,以防发生意外。

6. 出校外劳动结束,要点名、核对人数和进行总结。离队回家的学生,一定要写请假条,办好请假手续才能离队。班主任要对学生进行途中安全教育。

二、参加集体劳动等社会实践如何保证安全

中小学生在学校学习阶段,常有机会参加学校组织的各种社会实践活动,例如到工厂农村参加义务劳动,开展社会调查,参加各类公益活动等等。如何保证参加社会实践过程中的安全呢?

1. 参加社会实践活动,青少年们将面对许多自己从未接触过的或不熟悉的事情,要保证安全,最重要的是遵守活动纪律,听从老师或有关管理人员的指挥,统一行动,不能各行其是。

2. 参加社会实践活动,要认真听取有关活动的注意事项,什么是必须做的,什么是可以做的,什么是不允许做的,不懂的地方要询问、了解清楚。

3. 参加劳动,青少年必然要接触、使用一些劳动工具、机械电器设备,在这个过程中,要仔细了解它们的特点、性能、操作要领,严格按照有关人员的示范,并在他们的指导下进行。

4. 对活动现场一些电闸、开关、按钮等,不随意触摸、拨弄,以免发生危险。

5. 注意在指定的区域内活动,不随意四处走动、游览,防止意外发生。

防范实验课伤害的安全知识

案例一

2001 年暑假,福建漳平市某中学对初二学生举办补习班。该中学物理教师林某在班级上讲授"做功和内能的改变"原理课。林某在未讲明"做功和内能的改变"的实验应注意事项和采取必

要安全防范措施的情况下,分组做演示实验给班上的学生观察。林某演示实验完后,班上学生谢某申请亲自动手做该实验,由于谢某操作不当,试管爆炸,将前桌朱某的左眼炸伤。经医院诊断,朱某的左眼球穿通伤。

案例二

2005 年,重庆一小学三名小学生在老师指导下,学习用高锰酸钾加热产生氧气,因操作不当,吸入试管中粉末。重庆医科大儿童医院接诊专家初步判断三名学生为金属钾或金属锰中毒。

实验课是学生们锻炼动手能力、加强课堂知识印象的课程,涉及一些危险性操作,特别是一些化学实验,可能用到危险品。因此,实验课课堂安全措施必须要格外重视。

一、遵守实验室的各种规章制度

1. 化学危险品应设专用安全柜存放,柜外应有明显的危险品标志,并加双锁保险,由两人负责,领用危险品必须按规定执行,以免酿成事故。

2. 实验室供电线路的安装必须符合实验教学的需要和安全用电的有关规定,定期检查,及时维修。

3. 实验室要做好防火、防爆、防触电、防中毒、防创伤等工作,要配备灭火器、沙箱等消防器材及化学实验急救器材等防护用品。

4. 实验室工作人员作为实验室安全防护的当然责任者,应随时随地按照安全制度进行检查,做好安全防护工作,学校领导要经常督促检查。

5. 任何人不得私自将有毒物品带出实验室,违者造成后果应负一切经济法律责任。

二、实验课课堂安全的注意事项

1. 实验前要认真预习实验内容,熟悉每个实验步骤中的安全操作规定和注意事项。

2. 酒精灯用完后,要立即用灯帽盖灭,切忌用嘴吹灭。点燃的火柴用后应熄灭,放进污物瓶里,不得乱扔。

3. 使用氢气时,要严禁烟火,点燃氢气前必须检查氢气的纯度,使用易燃、易爆试剂一定要远离火源。

4. 要注意用电安全,不要用湿手、湿物接触电源,实验结束后应切断电源。

5. 加热或倾倒液体时,切勿俯视容器,以防液滴飞溅造成伤害;给试管加热时,切勿将管口对着自己或他人,以免药品喷出伤人。

6. 嗅闻气体时,应保持一定的距离,慢慢地用手把离开容器的气体少量地煽向自己,不要俯向容器直接去嗅。

7. 凡做有毒或有恶臭气体的实验,应在通风橱内进行。

8. 取用药品要用药匙等专用合适器具,不能用手直接拿取,防止药品接触皮肤。

9. 未经许可,绝不允许将几种试剂或药品随意研磨或混合,以免发生爆炸、灼伤等意外事故。

10. 稀释浓酸(特别是浓硫酸),应把酸慢慢地注入水中,并不断搅拌,切不可将水注入酸内,以免溅出或爆炸。

11. 使用玻璃仪器时,要按操作规程,轻拿轻放,以免破损,造成伤害。注意做到以下几点:

(1)使用玻璃仪器前,先要检查有无破损,有破损的就不能使用,组装和拆卸实验装置时要防止仪器折断,不要使仪器勉强弯曲,应使之呈自然状态;

(2)玻璃仪器与胶管或胶塞连接时,最好用布包住玻璃仪器,一般左手拿被插入的仪器,右手拿插入的仪器,慢慢地按顺时针方向旋转插入(一定要朝一个方向旋转,勿使管口对着手心),插入前要先蘸些水;

(3)使用打孔器或用小刀切割胶塞、胶管等材料时,要谨慎操作,以防割伤。

12. 严禁在实验室内饮食或把餐具带进实验室,更不能把实验器皿当做餐具。实验结束,应把手洗净再离开实验室。

防范计算机课伤害的安全知识

在我们享受着电脑和网络带来的便捷的同时,也要了解在使用电脑及网络时要注意的安全事项。

一、使用电脑的注意事项

1. 不要在通电的情况下搬动电脑及插拔接头,不要用湿布擦拭电脑屏幕和主机。

2. 注意劳逸结合,防止肌腱劳损。长时间操作电脑会导致手指关节、手腕、手臂肌肉、双肩、颈部、背部等部位出现酸胀疼痛。每次在计算机屏幕前学习、娱乐不要超过 *1* 小时。

3. 眼睛不要离屏幕太近,坐姿要端正。

4. 屏幕设置不要太亮或太暗。

5. 要注意用眼卫生。眼睛与文稿、眼睛与屏幕的距离应保持在 50 厘米以上。工作时,最好在面部及双手涂抹防辐射的护肤油。

6. 多吃一些新鲜的蔬菜和水果,同时增加维生素 A、维生素 B、维生素 C、维生素 E 的摄入。为预防角膜干燥、眼干涩、视力下降、甚至出现夜盲症等,应多吃些富含维生素 A 的食物,如豆制品、鱼、牛奶、核桃、青菜、大白菜、西红柿、空心菜及新鲜水果等。

7. 多喝绿茶。茶叶中的脂多糖,可改善机体造血功能。人体摄入脂多糖后,在短时间内即可增强机体非特异性免疫力。茶叶还能预防辐射损害。

8. 为了避免荧光屏反光或不清晰,电脑不应放置在窗户的对面或背面;环境照明要柔和,如果操作者身后有窗户应拉上窗帘,避免亮光直接照射到屏幕上反射出明亮的影像造成眼部的疲劳。

9. 计算机附近的灰尘密度要比机房其他空间高出上百倍,它们长时间附着于人的皮肤上,可导致各类皮肤病。电脑房间要经常通风及保持清洁卫生。

二、网页浏览的注意事项

1. 不浏览非法网站,包括含有赌博、色情、暴力等非法活动的图片、文字等。

2. 不要浏览或参加网络直销、传销等非法活动。

3. 不浏览含有封建迷信、占卜算命等内容的网页。

4. 对于陌生人传来的网页尽量避免打开浏览。

三、计算机系统保护的注意事项

1. 尽量不要下载个人站点的程序,防止该程序感染病毒或者带有可能篡改个人电脑程序的后门。

2. 不要运行不熟悉的可执行文件,尤其是一些看似有趣的小游戏。

3. 不要随便将陌生人加入 QQ 或者 MSN 等的好友列表,不要随便接受他们的聊天请求,避免遭受端口攻击。

4. 不要随便打开陌生人发来的邮件附件,防止该邮件是一段恶意代码。

5. 在支持 Javascript 或者 HTML 的聊天室里,最好不要接受对方的 Javascript 或者 HTML。

6. 不要逛一些可疑或者另类的站点,防止因为电脑漏洞使恶意的网页编辑者读出使用者机器上的敏感文件。

四、密码保护的注意事项

1. 设置足够长度的密码,最好使用大小写混合加数字和特殊符号。

2. 不要使用与自己相关的资料作为个人密码,如自己的生日、电话号码、身份证号码、门牌号、姓名简写,这样很容易被熟悉你的人猜出。

3. 不要使用有特殊含义的英文单词做密码,如 hello 等,最好不用单词做密码。

4. 不要将所有的口令都设置为相同的,可以为每一种加上前缀。

5. 经常更换密码,特别是遇到可疑情况的时候。

6. 不要让 windows 或者 IE 保存你任何形式的密码。

防范舞蹈课伤害的安全知识

案例

  10 岁的女孩小敏在舞蹈学习中腰部受伤,由于舞蹈老师刘某未及时将她送往医院,小敏出院后脊前动脉形成血栓。她的父亲辛某对学校的专业性产生了怀疑,并认为老师在训练时对小敏的疏忽是导致其伤情严重的原因。于是,辛某要求学校赔偿医疗费、交通费、护理费共计 17237.23 元,同时赔偿精神损失费 5 万元。

  2007 年 1 月,小敏在胶南的一家活动中心学习舞蹈,并向该中心缴纳了学费、考级费。同年 9 月 8 日,小敏在舞蹈老师刘某的指导下学习舞蹈。"小敏在做'后抢脸'动作时感觉腰痛,就告诉刘某,但刘某仍然坚持让孩子继续做,并未采取必要的保护措施。"小敏的父亲辛某告诉记者:"小敏被送到医院后治疗了 25 天出院,医生诊断她为脊前动脉形成血栓。我们怀疑刘某根本没有教学资格。"于是,辛某将该活动中心和刘某一起告上了法庭。"小敏受伤期间,我们已经支付了 13000 元的医药费,尽到了应该尽的义务。"该活动中心的相关负责人说。而刘某则认为,自己是按教学大纲要求进行舞蹈教学培训活动,她所教授的"后抢脸"动作未超出小敏的年龄段和适应能力。

一、舞蹈运动损伤发生的原因

  1. 训练前准备运动不充分,违反了循序渐进的原则和功能活动的规律,肌肉的力量、弹性、伸展性和协调性均较差,容易发生损伤。

  2. 运动强度过大、运动量过度集中,造成机体局部负担过重,引起局部肌肉、肌腱的细微损伤。

  3. 技术上的错误与失误:拉伸软组织幅度过大、过猛,超越了关节运动

轴的功能和幅度,违反人体结构功能的特点及运动时的力学原理,或者技术走样、动作角度不对、重心不稳、站的距离及姿势错误等导致损伤。

4. 身体功能状况不良:睡眠休息不好,受伤或病初愈阶段,生理功能和运动能力相对下降。这时参加训练将会使肌肉力量转弱、反应迟钝、身体协调性差、警觉性和注意力也减弱,容易损伤。

5. 个性特征差异:情绪不稳、低落、急躁、急于求成,或胆怯、犹豫等都可成为致伤原因。

6. 思想上重视程度不够。

二、舞蹈运动损伤的预防

认识到舞蹈运动损伤的原因,采取针对性的预防措施是十分必要的。

1. 训练前做好充分的准备活动。充分的准备活动可以提高中枢神经系统的兴奋性,增加肌肉中毛细血管开放的数量,减少肌肉的黏滞性,提高肌肉的力量、弹性和灵活性,同时可以增强韧带的弹性,使关节腔内的滑液增多,防止肌肉和韧带的损伤。

2. 遵守科学训练的原则。在训练中要根据个人特点和技术水平制订适当的训练计划,训练内容要广泛易行,包括各项专门训练和全面的身体训练。训练方法要多样化,在基础上要不断融入相关的组合,以防止重复性单调动作引起局部负荷过大,造成局部软组织劳损。

3. 严格控制训练量极限。人的训练量有一定的极限,适度的训练量能增长机体的运动能力,延长舞者的艺术青春。在训练中要充分考虑生理、心理特点,用科学的方法,根据个人的情况注意大、中、小训练量的有机结合,切忌急于求成,避免受伤。

4. 加强易损伤部位的训练。有的舞者只重视肌肉柔韧性、伸展性的练习,而忽视肌肉力量的练习,肌肉力量的不足是造成舞蹈运动损伤的重要因素之一。在训练中要有针对性地加强易损伤部位的训练。如加强股四头肌力量的练习可以防止膝关节损伤,而加强三角肌、肩胛肌、胸大肌和肱二头肌的练习则可以防止肩关节损伤。

5. 训练时注意间隔放松。在舞蹈运动中,组与组之间的间隔放松非常重要。间隔放松的形式有多种,如:着重于上肢训练后,可做些放松走动;

着重于下肢训练后,可以仰卧,将两腿举起抖动或做倒立。这样可以促进血液的回流,也能使肢体疲劳的神经细胞加深抑制,有助于消除疲劳,防止运动损伤。

6. 训练后要做整理运动。舞蹈训练后肌肉、关节、韧带等软组织会出现疲劳及收缩反射,长时间的收缩反射会造成肌肉、关节、韧带的挛缩。而运动后的整理活动——静力牵张(拉伸)练习,可以消除训练后肌肉疲劳和收缩反射,增强肌肉柔韧性,预防运动损伤。整理活动也是一种积极的休息方式,可以使精神、肌肉、内脏一致地恢复平静。可采用推、揉、捏、按、压、拍击、抖动等手法按摩肌肉,使肌肉中毛细血管扩张和开放,加强局部的血液循环,加速肌肉运动中废物——乳酸的排除,从而达到消除疲劳的作用。

7. 提倡合理的生活制度。做到起居规律,劳逸结合,保证充分的睡眠时间。训练后应及时补充热量、蛋白质、维生素、无机盐和水,进食营养、易消化的食品,多吃新鲜蔬菜、水果等。训练后还可进行温水浴,加速全身血液循环,促进新陈代谢,加速疲劳消除和体力恢复。

8. 加强安全教育,进行心理调节。训练中要克服麻痹思想,普及运动损伤的常识,开设舞蹈保健课程,增强自我保健、保护意识。舞者的成才之路是一条漫长的道路,在训练和演出中损伤总是难免的,要加强心理调节、自我放松,使舞者在心理和人格上健康发展。

三、舞蹈运动损伤的治疗

舞蹈运动损伤治疗如果不及时、不彻底,损伤组织可形成不同程度的粘连、纤维化或者瘢痕化,影响舞蹈动作的完成。简单的按摩和治疗可使肌肉放松,粘连松解,促进血肿、水肿吸收,调节肌肉的收缩与舒张,增强损伤部位的血液供应和修复能力。因此,舞者掌握一些治疗损伤的方法是必要的。

舞蹈运动损伤主要包括肌肉、肌腱、韧带、筋膜、关节囊和关节软骨的损伤。多为挫伤、软组织拉伤、关节扭伤、骨折、脱臼等。

1. 挫伤:伤后第一天予以冷敷,24 小时后可热敷或活血化瘀酊剂外用,约 1 周后可吸收消失。较重的挫伤可用云南白药加白酒调敷伤处并包扎,每日 2～3 次,加理疗。

2. 软组织拉伤:指肌纤维撕裂而导致的损伤。主要是运动过度或热身不足造成,一旦出现痛感应立即停止运动,并在痛处敷上冰块和冷毛巾,保持 30 分钟,使小血管收缩,减少局部充血、水肿,切忌搓揉和热敷。

3. 扭伤:由于关节部位突然过猛扭转,损伤了附在关节外面的韧带和肌腱。踝关节、膝关节、腕关节扭伤时,将扭伤部位垫高,先冷敷 2～3 天后再热敷。如扭伤部位肿胀,皮肤青紫或疼痛,可用陈醋半斤加热后用毛巾蘸敷伤处,每天 2～3 次,每次 10 分钟。

4. 骨折:开放性骨折,不可用手回揉,以免引起骨髓炎,应用消毒纱布对伤口作初步包扎,止血后,再用平木板固定送医院处理。

5. 脱臼:即关节脱位。一旦发生脱臼,应保持安静,不可揉搓脱臼部位。如脱臼部位在髋部,应立即将伤者平卧送往医院。

舞者懂得以上治疗措施就能有效地预防舞蹈运动损伤,延长舞龄。

综上所述,舞蹈运动损伤应引起舞者的高度重视,只有了解损伤的原因,懂得如何预防及简单治疗,舞者的艺术生命才会更加灿烂常青!

防范体育课伤害的安全知识

案例

一天下午体育课上,诸老师组织学生进行立定跳远训练。诸老师选择学校校园内的水泥场地作为训练场,首先带领学生进行训练前准备运动,接着通过示范讲解讲清要领和注意事项,然后让学生分组进行立定跳远训练。在训练过程中,学生小敏不慎摔倒了,诸老师发现后马上将小敏扶起,并关切地询问小敏伤了没有、疼不疼,在确知小敏无事的情况下,继续进行了她的课堂教学。

第二天早上,诸老师得知小敏昨天体育课摔倒造成手腕骨折正在医院治疗的消息后,立即向校长进行汇报,校长派诸老师和小敏的班主任老师到医院进行了慰问,当时正在看护小敏的爷爷对学校对小敏给予的关心表示感谢。

事后,小敏的家长来校反映,要求学校赔偿所有医疗费,并要求学校领导签字承诺"十年内,小敏骨折处生长发育时造成骨质增生,学校须承担一切后果"。其理由是,学校领导未亲自去医院慰问学生小敏,诸老师教学时选择的教学场地和教学方法不正确,因此造成小敏摔倒后手腕骨折。

学校领导对小敏伤害事故非常重视,并由分管学校安全工作的副校长负责协商处理此事。首先,校方与小敏的家长进行沟通,了解家长对解决此事的真实意图;其次,校方查找《学校校园学生伤害事故处理办法》有关处理条款,请教律师,掌握处理小敏伤害事故处理办法;同时,请人民医院骨科主治医师进行医学鉴定。在此基础上,学校和家长就医疗费赔偿和后续问题进行了友好协商,使"小敏校园伤害事故"得到了圆满的解决。

一、上体育课时衣着应注意些什么

上体育课大多是全身性运动,活动量大,还要运用很多体育器械,如跳箱、单双杠、铅球……所以为了安全,上课时衣着有一定的讲究。

1. 衣服不要别胸针、校徽、证章等。

2. 上衣、裤子口袋里不要装钥匙、小刀等坚硬、尖锐锋利的物品。

3. 不要佩戴各种金属的或者玻璃的装饰物。

4. 头上不要戴各种发卡。

5. 患有近视眼的青少年,如果不戴眼镜可以上体育课,就尽量不要戴眼镜。如果必须戴眼镜,做动作时一定要小心谨慎。做垫上运动时,必须摘下眼镜。

6. 不要穿塑料底的鞋或皮鞋,应当穿球鞋或一般胶底布鞋。

7. 衣服要宽松合体,最好不穿纽扣多、拉锁多或者有金属饰物的服装。有条件的应该穿着运动服。

二、上体育课时要注意哪些安全事项

体育课在中小学阶段是锻炼身体、增强体质的重要课程。体育课上的训练内容是多种多样的,因此安全上要注意的事项也因训练的内容、使用的器械不同而有所区别。

1. 短跑等项目要按照规定的跑道进行,不能串跑道。这不仅仅是竞赛的要求,也是安全的保障。特别是快到终点冲刺时,更要遵守规则,因为这时人身体的冲击力很大,精力又集中在竞技之中,思想上毫无戒备,一旦相互绊倒,就可能严重受伤。

2. 跳远时,必须严格按老师的指导助跑、起跳。起跳前脚要踏中木质的起跳板,起跳后要落入沙坑之中。这不仅是跳远训练的技术要领,也是保护身体安全的必要措施。

3. 在进行投掷训练时,如投手榴弹、铅球、铁饼、标枪等,一定要按老师的口令进行,令行禁止,不能有丝毫的马虎。这些体育器材有的沉重,有的前端装有尖利的金属头,如果擅自行事,就有可能击中他人或者自己被击中,造成受伤,甚至发生生命危险。

4. 在进行单、双杠和跳高训练时,器械下面必须准备好厚度符合要求的垫子,如果直接跳到坚硬的地面上,会伤及腿部关节或后脑。做单、双杠动作时,要采取各种有效的方法,使双手握杠时不打滑,避免从杠上摔下来,使身体受伤。

5. 在做跳马、跳箱等跨越训练时,器械前要有跳板,器械后有保护垫,同时要有老师和同学在器械旁站立保护。

6. 前后滚翻、俯卧撑、仰卧起坐等垫上运动的项目,做动作时要严肃认真,不能打闹,以免发生扭伤。

7. 参加篮球、足球等项目的训练时,要学会保护自己,不要在争抢中蛮干而伤及他人。在这些争抢激烈的运动中,自觉遵守竞赛规则对于安全是很重要的。

三、参加运动会要注意什么

运动会的竞赛项目多、持续时间长、运动强度大、参加人数多,安全问题十分重要。

1. 要遵守赛场纪律,服从调度指挥,这是确保安全的基本要求。

2. 没有比赛项目的青少年不要在赛场中穿行、玩耍,要在指定的地点观看比赛,以免被投掷的铅球、标枪等击伤,避免与参加比赛的青少年相撞。

3. 参加比赛前做好准备活动,以使身体适应比赛。

4. 在临赛的等待时间里,要注意身体保暖,春秋季节应当在轻便的运动服外再穿上防寒外衣。

5. 临赛前不可吃得过饱或者饮水过多。临赛前半小时内,可以吃些巧克力,以增加热量。

6. 比赛结束后,不要立即停下来休息,要坚持做好放松活动,例如慢跑等,使心脏逐渐恢复平静。

7. 剧烈运动以后,不要马上大量饮水、吃冷饮,也不要立即洗冷水澡。

四、平时体育活动要注意什么

1. 认真检查设备,对已损坏,不符合要求的设备,要报告体育老师,及时维修。

2. 体育活动前必须学习安全知识,掌握老师的口令、动作要领,做好防护工作,以及运动前做好准备活动。

3. 学生要听从教师的指导,学会正确的运动技术和自我保护,不得离开老师私自进行有危险性的活动。

4. 避免在体育活动中的任何意外伤害,不要和同学随意打闹,一切要严格按照规范进行训练。

5. 不要做一些力所不及的运动。

防范游乐场所伤害的安全知识

案例

　　2003 年 1 月 24 日上午 11 时 40 分左右,成都游乐园突然停电。当时高空观览车上共有 20 多个游客,他们正在离地 70 余米的高空欣赏成都美景。当他们惊恐地发现观览车不动了时,上面的人开始大声呼救,其中有人拨打 119 报警。事故发生后,游乐园立即启动应急预案。公园方通知所有工作人员全部出动,疏散游客,针对不同的游乐设施采取不同的应对措施。先是通过自备发电设备让高空观览车运转起来,12 时许,高空观览车上 20 多名游客全部安全"着陆",而其他游乐设施上的游客也一一疏散。不到半个小时,公园内两根电缆实现电源切换,游乐园内所有机器又开始正常运转。

停电属于游乐园较为容易处理的事故,而且不容易造成恶性事故,乘客只需耐心等待、积极配合即可安然脱险。

很多孩子都喜欢在节假日的时候到游乐场玩各种游戏。目前,我国游艺机和游乐设施的种类层出不穷,且不断向高空型和快速型发展,像滑道、溜索、飞行塔等游乐设施一般都是架空运行,速度较快,富有挑战与刺激性的同时也具有一定的危险性。如管理不善,易造成断裂、坠落等安全事故,给游客特别是青少年造成人身伤害。

在游乐场所,以下注意事项是必须牢记的:

1. 在乘坐荡船等包含公转和自转的游艺设备时,如有不适,请立刻用手势和表情向工作人员示意,工作人员将及时对机器进行紧急停止,并视具体情况安排身体不适的游客休息或者治疗。

2. 大规模的停电造成了游乐设备停机,不要惊慌失措,只要听从工作人员安排,完全可以保证启用机械、手动、备用电力设备等动力将游客安全引导到安全的地方。

3. 游乐园一旦发生火灾,乘客往往由于被安全设备固定在座位上动弹不得、只能被动地等待救援,从而失去逃生能力。因此不要在游乐设备的缝隙里塞纸屑、包装纸等废弃物以免引起火灾。如发现同行者有人吸烟,应提醒吸烟者在游乐园内千万不要乱扔烟头,将烟头扔到垃圾桶里时请确认已经熄灭,在登上游乐设备时应多留心观察周围有无易燃物并及时报告工作人员。

4. 万一在娱乐设施里发生火灾,可用手头的衣物或者手帕、餐巾纸捂住口鼻(最好用水将其打湿),并拍打舱门呼救,等待救援。

防范地震的安全知识

2008年5月12日，我国四川省发生8.0级大地震，无数学生不幸罹难，如果能多掌握一点生存知识，就能多一分生存希望。

从地震来临到房屋倒塌，一般只有十几秒的时间，因此同学们必须掌握相应的安全自救常识，并在瞬间冷静地做出正确的抉择。

一、地震前兆

地震，特别是强烈地震之前，经常会出现一些异常现象，人们把这类现象称为地震前兆。除了专业地震监测获得的千兆信息外，自然现象中也可能出现的地震前兆。

1. 地下水异常

井水是个宝，前兆来得早，

天雨水质浑，天旱井水冒。

水位变化大，翻花冒气泡，

有的变颜色，有的变味道。

2. 动物异常

震前动物有预兆，群测群防很重要。

牛羊骡马不进圈，猪不吃食狗乱咬。

鸭不下水岸上闹，鸡乱上树高声叫。

冰天雪地蛇出洞，大猫携着小猫跑。

兔子竖耳蹦又撞，鱼儿惊慌水面跳。

燕子盘旋不进屋，老鼠搬家往外逃。

蜜蜂群迁闹哄哄，鸽子惊飞不回巢。

家家户户都观察，综合异常作预报。

3. 地光和地声

地光和地声是地震前夕或地震时，从地下或地面发出的光亮及声音，是重要的临震预兆。

4. 气象异常

地震之前,气象也常常出现反常状况。主要有震前闷热,人焦灼烦躁,久旱不雨或阴雨绵绵,黄雾四塞,日光晦暗,怪风狂起,六月冰雹等等。

5. 地声异常

地声异常是指有时地震前有来自地下的声音。其声犹如炮响雷鸣,也有如重车行驶、大风鼓荡等异常声音。如果在震中区域,3级以上地震有时可听到地声。

6. 小震报大震

地震有"前震——主震——余震"型,小震即前震,可作为大震的前兆。

7. 地光异常

地光颜色多种多样,以红色与白色为主。其形态也各异,有带状、球状、柱状、弥漫状等。一般的光出现的范围较大,多在震前几小时到几分钟内出现,持续几秒钟。

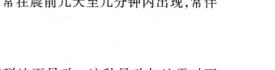

8. 地气异常

地气异常指地震前来自地下的雾气,又称地气雾或地雾。这种雾气,具有白、黑、黄等多种颜色,有时无色,常在震前几天至几分钟内出现,常伴有怪味,有时伴有声响或带有高温。

9. 地动异常

地震尚未发生之前,有时也会感到地面晃动。这种晃动与地震时不同,摆动得十分缓慢,地震仪常记录不到,但很多人可以感觉到。

10. 地鼓异常

地鼓异常指地震前地面上出现鼓包。与地鼓类似的异常还有出现地裂缝、地陷等。

11. 电磁异常

电磁异常指地震前家用电器如收音机、电视机、日光灯等出现的异常。最为常见的电磁异常时收音机失灵。

二、平时防地震准备

1. 全家人都要知道煤气及电源开关的位置及如何使用开关。家中随时准备干电池、收音机、手电筒、急救箱等物品，要放置在固定位置，家人都要知道。

2. 家中摆放的物品或装饰品，首先要考虑牢固、安全。

3. 家中应备有家用消防器材，并要知道如何使用。

4. 地震时家中哪里最安全人人都要知道。

5. 平时了解居家、工作场所、学校附近的可应急避难场所，地震时就可能撤到安全的地方。

6. 要了解自己天天接触的建筑物，像学校教学楼、寝室、家中的房屋等。直到哪种结构的建筑物抗震性更好。一般而言，剪力墙结构好于框架结构，框架结构好于砖混结构，砖混结构好于砖石结构，砖石结构比土坯墙抗震。有些楼房，其露面构件采用预制板，由于其整体性较差，地震中容易发生整体倒塌。

7. 家中要准备地震急救包，放一些必需的物品，如手电筒、半导体收音机、食品、矿泉水、药品以及绳子、小锤子等。

三、地震发生时怎么办

地震时最重要的是保持镇静，不要惊慌失措，不能失去理智，特别是不要恐慌，因为恐慌才是最大的危险。

每年全球发生的地震，大部分为中小型地震。7级以上的大地震很少。

根据统计，在地震发生时，真正由于灾难本身原因发生死亡的不算太多。危及发生时，多数人只会随别人行动，而不能冷静地思考。由于逃生不能的促使，仓皇中因跳楼、拥挤、践踏而死伤的却不少。很多时候不是地震本身造成了伤害，而是惊慌失措的踩踏等制造了二次伤害。

专家认为，地震发生时，至关重要的是要保持清醒，要有镇静自若的心态。主震发生时，持续时间平均只有12秒。此时要保持冷静，在12秒钟内要根据具体情况，瞬间做出避险抉择。

根据专家的建议，当地震发生时，如下的知识非常重要。

1. 在学校

能撤离时，迅速有序地疏散到安全的地方。不能迅速撤离时，要因地

124

制宜就近避险。

（1）在教室：如果学校内教室为砖砌平房或者是楼房的一楼、低楼层，地震时坐在离门较近的学生，可迅速从门窗逃出教室，撤离到校园中的开阔地带，如操场等地。离门较远，如果来不及出逃，迅速就近躲在课桌下面或者墙根下，双手抱头或者用书包保护头部。

注意：

①上课时候千万不要锁教室的后门。地震发生时，坐在门边的同学要立即打开教室后门，防止教室门变形后无法打开；坐在开关附近的同学应顺手关闭教室的电灯、电扇的电源。

②如果楼层较高，千万不要跳楼、跳窗，也不要在教室里乱跑、争抢外出。在高楼，强震时不可贸然外逃，因为时间来不及。盲目乱跑，不仅不能逃生，还极易发生踩踏挤伤，如楼梯口拥挤。有的可迅速分散到跨度小的房间，如洗手间、小办公室等；有的可迅速就近躲避在课桌、讲台下；靠内墙的同学要紧靠墙根。外墙容易倒塌，不能靠近。

③从高楼向下转移时，千万不要跳楼，也不能乘电梯。主震后一般有余震，要在两次地震的间隙迅速撤离，以防余震和火灾等并发灾害。

④要注意保护头部，以防异物砸伤。地震时房屋倒塌会导致产生大量的灰尘，许多人因此窒息而死。要用口罩或者毛巾、衣服（用水浸湿、拧半干后更好）等捂住嘴和鼻子，闭眼。身体取低位，以免摔伤；远离玻璃窗，以免被玻璃扎伤。不要到阳台、窗下躲避，这些地方容易崩塌。不要到处跑，不要随人流拥挤，以免发生挤压踩伤。

（2）在操场、室外：

①站立不稳时，可原地不动蹲下，以免在地震中摔倒。不要慌张地往室内冲。

②双手抱住头部，注意避开高大建筑物或危险物，如电线、标牌、盆景等。

③远离在建中的建筑物。

④在山区，要警惕滚石、山体滑坡、泥石流、山洪、崩塌等。

（3）若在多媒体、多功能教室等地方，如来不及撤离，可就地躲在排椅下，用书包等物保护头部，注意避开吊灯、电扇等悬挂物，待主震过后尽快撤离。

2. 在家中

（1）地震一旦发生，首先要保持清醒、冷静的头脑，及时判别震动状况，千万不可在慌乱中跳楼，这一点极为重要。

（2）正在用火、用电时，要立即灭火和断电，防止烫伤、触电和发生火灾。

（3）立刻将门打开，尤其是坚固的防盗门，以免主震过后撤离时，房门、大门变形卡死无法进出。平时要事先想好万一被关在屋子里，如何逃脱的方法，准备好梯子、绳索等。

在坚固的楼房中（如框架结构），强震时不要试图跑出，因为时间来不及。冒失往外跑易遭掉落物击伤。迅速寻找坚固的梁、柱附近或坚实的床、家具旁、内墙墙根、墙角处等易于形成三角形空间的地方躲避，也可转移到承重墙角多、开间小的厨房、洗手间、储藏室去暂避一时，因为这些地方结合力强，尤其是管道经过处理，具有较好的支撑力，抗震系数较高。并顺手用被褥、枕头、棉衣或脸盆等加强保护头部，应远离玻璃窗、门，因为玻璃窗、门最容易破裂伤人。万万不能在窗户、阳台、楼图、电梯及附近停留。

墙角要选择房间内侧的，因为外侧的墙在震动中容易倒塌。

家中哪些家具坚固，平时心中要有数。

小地震时躲在桌子等家具底下确实可以避免被上面掉下的东西砸到，但是碰上大地震，那些躲在桌下、床下和柜子里的人往往是最先被压到的。由台湾"921"大地震的经验可以知道，躲在桌子底下许多人被压遇难，蹲在钢琴旁边的很多人活命。因为碰上大地震，屋顶和屋梁垮下来的时候，屋里那些结实的东西可能撑住，可能留下侧边一小块活命的空间。至于躲在桌子床下的，则可能被桌子和床架压到。

大震还是小震事先是无法预知的。所以不管大小，最好挑上面没有大的危险物（譬如吊灯、会垮得书架、高处的电视等），而且有特别结实的东西的旁边躲避。

若住在平房或楼层低的房间，则应冲出门外，同时注意保护头部，可用双手抱头或者用随手能找到的枕头或垫子、盆当作"头盔"。千万别跑出来站在楼旁边，以免被上面落下的重物或玻璃伤到。要跑得远些，而且跑到空地上。

总之,震时可根据建筑物布局和室内状况,审时度势,寻找安全空间和通道进行躲避,减少人员伤亡。

3. 在街上

(1)在街上,要赶紧撤离到空旷处,要远离危险的地方。

高层建筑物的玻璃碎片和大楼外侧混凝土碎块、瓷砖以及广告招牌、霓虹灯架等,可能掉下伤人,因此在街上时,最好将身边的书包或柔软的物品顶在头上,无物品时也可用手护在头上,尽可能做好自我保护的准备。要镇静,尽快避开高大建筑物,特别是有玻璃幕墙的建筑。远离过街天桥、立交桥、高烟囱、水塔、狭窄的街道、危旧房屋、围墙、雨篷、砖瓦木料、自动售货机以及化学、煤气等工厂和设施,就近选择开阔地避震;蹲下或趴下,以免摔伤;不要随便返回室内。

(2)如果正在过桥,要紧紧抓住桥栏杆,防止在地震时颠簸摇晃中坠落桥下。主震过后立即向可靠近的岸边转移。

(3)如遇到起火或者有毒气体泄露,要选择在上风向有水的地方躲避。

(4)如在楼群密集区,附近找不到开阔的地方,根据具体情况,可以进入路旁大楼里暂避,以免被高空坠物砸伤。待主震过后撤离到开阔地带。

(5)避开其他危险场所:尽量远离加油站、煤气储气罐等有毒、有害、易燃、易爆的场所和设施。

4. 在公共场所

(1)在体育馆、电影院等,最忌慌乱,要冷静观察周边环境,注意避开吊灯、电扇等悬挂物,用书包等物或双手保护头部。特别是当场内断电时,不要乱喊乱叫,更不得乱挤,要立即躲在排椅、台脚边或坚固物品旁,或者就近躲到开间小的房间,如洗手间,待地震过后在老师或者相关人员统一指挥下再有序地分路迅速撤离,就近在开阔地带避震。

(2)如在超市、商场、地下街等,要小心选择出口,避免遭人踩踏,切记不要使用电梯。在超市、商场遇到地震时,要保持镇静。由于人员众多,慌乱中容易导致货架倾倒,商品下落,可能使避难通道阻塞。因此,要保持冷静,避开人流,防止摔倒被踩踏。选择结实的柜台、商品(如低矮家具等)或柱子边,以及内墙角处就地蹲下,用手或其他东西护头,避开玻璃门窗和玻璃橱窗,也可在通道边蹲下,等待地震平息,有秩序地撤离出去。

随人流行动时,要避免被挤到墙壁或栅栏处。要解开衣领,保持呼吸畅通。双手交叉放在胸前,保护自己,用肩和背承受外部压力。

处于楼上位置,原则上向底层转移较好。但楼梯往往是建筑物薄弱部位,因此,要看准避险的合适地方,就近躲避,震后迅速撤离。

(3)在地铁、地下超市,不要慌忙挤向出口,如人群拥挤。要防止踩踏,原地躲避,等震后迅速撤离。

(4)在公园、广场等遇到地震时,要迅速撤离到开阔地带,远离高大的游乐设施和其他建筑物。如在湖中游船上,船会左右摇晃,不要慌张,船上人员应均匀分坐两边,以免船在摇动中侧翻。将船划到开阔的岸边停靠稳后,上岸避险。

5. 在电梯中

在发生地震、火灾时,不能使用电梯。万一在搭乘电梯时遇到地震,迅速将操作盘上各楼层的按钮全部按下,一旦停下,迅速离开电梯。高层大厦以及近来新建的建筑物的电梯,都装有管制运行的装置。地震发生时,会自动停在最近的楼层。

万一被关在电梯中,要通过电梯中的专用电话与管理室联系、求助。

6. 在车内

(1)地震发生时,如在行驶的公共汽车上,要抓牢扶手、竖杆,低头,以免摔倒或碰伤。在座位上的人,要将胳膊靠在前坐的椅背上,护住面部;也可降低重心,躲在座位附近。要等车停稳、地震过去之后再下车,下车时要观察周围环境,防止高空坠物。

(2)在火车上遇到地震时,要用手牢牢抓住桌子、卧铺床、扶杆等,并注意防止行李从架上掉下伤人;在火车上面朝行车方向的人,身体倾向通道,两手护住头部;背朝行车方向的人,要两手护住后脑部,并抬膝护腹,紧缩身体,做好防御姿势。

7. 在车库、停车场

地震发生时,如在停车场,特别是地下车场,来不及撤离,不要躲在车内,要躲在车子旁边或者两辆车中间的空隙处。注意保护好头部。

由台湾"921"大地震的经验可以知道,当车库中躲在车子里的人被压遇难时,同时躲在车与车之间的人大多没事。

8. 在开阔地

在街上的开阔地也不是万事大吉,不要躲在人流拥挤处,小心被挤伤或者被踩踏。如果震动摇晃幅度达,就地蹲下或者趴下。注意保护头部。

9. 在野外

地震时正在郊外的人员,骑车的下车,开车的停下,人员靠边行走。注意收听关于震情和行动指南的广播。

(1)在山区,应迅速向开阔地或者高地转移,不可往下跑,不能躲在危崖、狭缝处,并时刻提防山崩、滑坡、滚石、泥石流、地裂、涨水等。如遇到山崩,要向远离滚石滚落方向的两侧跑。若出现滑坡和泥石流时,应立即沿斜坡横向向水平方向撤离。

(2)在河边,应迅速撤离到高地,谨防上游水坝和堰塞湖在地震中决口、垮塌。

(3)在平原,要远离河岸及高压线等,以防河岸崩塌、电线杆倒塌、河流突然涨水等。

(4)在海边,要远离海滩、港口,以防地震引发的海啸。

10. 特殊危险

(1)燃气泄漏时,要用湿毛巾捂住口、鼻,千万不要使用明火。震后设法转移。

(2)遇到火灾时,趴在地上,用湿毛巾或湿纸巾捂住口、鼻。向安全地方转移,要匍匐、逆风而行。

(3)毒气泄漏时,如化工厂着火,毒气泄漏,不要向顺风方向跑,要尽量绕道往上风方向去,并尽量用湿毛巾或湿纸巾捂住口、鼻。

(4)应注意避开危险场所,如生产危险品的工厂,存放危险品及易燃、易爆品的仓库,加油站等。

总之,要减少地震所带来的灾害,除了建筑结构应加强外,人人要有防震的知识,才能使损害减少到最低程度。

四、被埋压怎么办

地震时如被埋压在废墟下,周围又是一片漆黑,而震后往往还有多次余震发生,处境可能继续恶化。为了免遭新的伤害,要尽量改善自己所处环境,设法脱险。在这种极不利的环境下要注意做到如下几点。

1. 要保持呼吸畅通,挪开头部、胸部的杂物,用毛巾、衣服(最好是湿的)捂住口鼻,地震后产生的灰尘很大,要防止被烟尘窒息。据有关资料显示,震后20分钟获救的存活率达98%以上,震后一小时获救的存活率下降到63%,震后2小时还无法获救的人员中,窒息死亡者占死亡人数的58%。许多人不是在地震中因建筑物垮塌被砸死,而是窒息而死。

2. 若被埋压着周围有一定的空隙,要扩大和稳定生存空间,设法用砖石、木棍等支撑残垣断壁,以防余震发生后,生存环境进一步恶化。搬动物品时千万注意防止周围杂物进一步倒塌。

3. 如果手边有手机、小灵通、电话等通讯工具,要充分利用。地震发生后,通讯可能中断,但是通讯修复后,救援人员可以很快找到受困者。

4. 寻找水和食品,创造生存条件,以延长生命,必要时自己的尿液也能起到解渴作用。

5. 不要随便动用室内设施,包括电源、水源等,也尽量不要使用打火机、火柴、蜡烛等明火,最好用手电筒照明。

6. 尽量保存体力,当外面有动静时,用石块、铁器等敲击能发出声响的物体,向外发出呼救信号,不要哭喊、急躁和盲目行动,这样会大量消耗精力和体力,应尽可能控制自己的情绪或闭目休息。要沉着,树立生存的信心,相信会有人来救你,要千方百计保护自己。如果受伤,对于少量流血的伤口一般不需要处理。如果伤口出血较多,要想法包扎,避免流血过多。

7. 如被埋压时间过长,身边没有食品,要想办法用一些东西,例如纸张、衣服等填充胃部,以免出现消化性出血。同时要节约饮用自己的尿液,以保持身体的水分。更先进的办法是,把空气吞入食道,迫使胃部充满气体,以免胃液消化自身组织。

通常,大部分人是因为消化系统的持续活动损伤了自己的胃,或者因为情绪波动而消耗了过多能量,导致体能提前衰竭。

防范洪水的安全知识

案例

2009年6月26日5时许,由于连日降雨,某学校的小路有一处被洪水淹没。在没有大人的陪同下,不少小学生没有改变路线而是继续走原路。从相隔1米远的水沟桥墩处冒险跳过去,其中一名小女孩不幸掉进滚滚洪水中,另一名女孩想拉落水的小女孩,也不慎掉入水中,两人被洪水卷走不幸溺水身亡。

在没有大人随同或带队的情况下,学生冒险穿行被洪水淹没的道路,会导致悲剧发生。

一、一般情况下如何防洪

一个地区短期内连降暴雨,河水会猛烈上涨,漫过堤坝,淹没农田、村庄,冲毁道路、桥梁、房屋,这就是洪水灾害。发生了洪水,如何自救呢?

1. 受到洪水威胁,如果时间充裕,应按照预定路线,有组织地向山坡、高地等处转移;在措手不及,已经受到洪水包围的情况下,要尽可能利用船只、木排、门板、木床等,做水上转移。

2. 洪水来得太快,已经来不及转移时,要立即爬上屋顶、楼房高屋、大树、高墙,做暂时避险,等待援救。不要单身游水转移。

3. 在山区,如果连降大雨,容易暴发山洪。遇到这种情况,应该注意避免渡河,以防止被山洪冲走,还要注意防止山体滑坡、滚石、泥石流的伤害。

4. 发现高压线铁塔倾倒、电线低垂或断折;要远离避险,不可触摸或接近,防止触电。

二、特殊情况下如何防洪

1. 如在山涧行走遇到洪水,可向高处找路返回,也可紧紧抱住附近的大树或大石头。

2. 山洪暴发常有行洪道,要注意向其两侧避开。

3. 在山间如因洪水将桥梁冲垮,无法过河但又必须向对岸目的地进发时,可沿山涧行走找河岸较直、水流不急的河段试行过河。一般来说,河面宽、水浅处其流速自然慢,是过河的好地方。会游泳者可游泳过河,游泳时应斜着向上游方向游,避免被水流冲向岸上。当估计无力游到岸边时可试行涉水过河。一般先由会游泳者腰上系一安全绳,另一端拴在岸边大树或岩石上,并由旅伴抓住,下水探河水深度以及河床是否结实。试探可以涉水后,试探着可游到对岸,并将绳拴牢在树上等处,其他人再抓住绳子涉水。

4. 在水中行走,水流不急或水深在膝盖以下时,尚能保持平稳。如果水已齐腰就会有倾倒的可能,此时必须用手拉住绳子才可过河。无绳时可找来一根竹棍或木棒,用来探水深以及河床情况,并有利于保持平衡。迈步时步幅不宜过大,等前脚踏稳时后脚才可提起。人多时,可两到三人相互挽在一起过河。

5. 如因山洪暴发、河水猛涨被困在山中,则应选择一高处平地或高处的山洞,离行洪道远的地方休息、求救。带上能带的食物、火种以及必备用品,并保管好,做好需 1~2 日待救之准备,要节约食物,注意饮水清洁。

6. 由于一些山区可能没有通讯信号,此时可用哨子求救,如果没有哨子,可以大声呼喊"救命",也可发出怪异的喊叫以引起人们的注意。

防范雷电伤害的安全知识

案例

2007 年 5 月 23 日 16 时许,重庆市开县义和乡兴业村小学 7 名小学生因雷击死亡。雷击同时,还造成 30 多名小学生受伤,其中重伤 5 人。

据了解,5 月 23 日下午开县突降雷雨,雷声震耳欲聋。雷击时,兴业村小学学生正在教室上课,教室旁树木较多,雷击电流击中二年级和四年级教室,导致 7 名小学生死亡,30 多名小学生受伤,其中 5 人重伤。

"雷电袭击能置人于死",这一点当然所有的人都知道。然而每到雷雨季节遭雷击死亡的事件时有发生,在这些事件中多数是因为缺乏防雷知识所致。因此这里老话再提:了解防雷知识,增强防雷意识。

一、避雷安全守则

总的原则:一是人体的位置尽量降低,以减少直接雷击的危险;二是人体与地面的接触部分如双脚要尽量靠近,与地面接触越小愈好,以减少"跨步电压"。

1. 在雷电交加时,感到皮肤刺痛或头发竖起,是雷电将至的先兆,应立即躲避。躲避不及,要立即贴近地面。受到雷击的人可能被烧伤或严重休克,但身上并不带电,可以安全地加以处理。

2. 如果身处树木、楼房等高大物体,就应该马上离开。如果来不及离开高大的物体,应该找些干燥的绝缘物放在地下,坐在上面,采用下蹲的避雷姿势,注意双脚并拢。双手合拢切勿放在地面上。千万不可躺下,这时虽然高度降低了,却增大了"跨步电压"的危险。水能导电,所以潮湿的物体并不绝缘。

3. 不要在山洞口、大石下或悬岩下躲避雷雨,因为这些地方会成为火花隙,电流从中通过时产生电弧可以伤人。但深邃的山洞很安全,应尽量往里面走。尽量躲到山洞深处,你的两脚也要并拢,身体也不可接触洞壁,同时也要把身上的带金属的物件,如手表、戒指、耳环、项链等物品摘下来,还有金属工具也要离开身体,把它们放到一边。

4. 远离铁栏杆及其他金属物体。并非直接的电击才足以致命。闪电击中导电体后,电能是在瞬间释放出来的,向两旁射出的电弧远达好几米。此外,炽热的电光使四周空气急剧膨胀,产生冲击波。这些冲击波发出的声音,就是雷声。若在近处听到,强大的声波可能震伤肺部,严重时可把人震死。

5. 雷雨时如果身在空旷的地方,应该马上蹲在地上,这样可减少遭雷击的危险。不要用手撑地,这样会扩大身体与地面接触的范围,增加遭雷击的危险。双手抱膝,胸口紧贴膝盖,尽量低头,因为头部最易遭雷击。

6. 空旷地带和山顶上的孤树和孤立草棚等应该回避,因为它们易遭雷

击。这时如在其中避雨是非常危险的,尤其是站在向两旁伸展很远的低枝下面。但是,事物是一分为二的,如果野外有密林,一时又找不到其他避雷场所,那么也可以利用密林来避雷,因为密林各处遭受雷击的机会差不多。这时只要不站在树林边缘,最好选择林中空地,双脚合拢,与四周各树保持差不多的距离就行了。

7. 原则上说,雷电期间应尽量回避未安装避雷设备的高大物体,如高塔、大吊车、开阔地的干草堆和帐篷等;也不要到山顶或山梁等制高点去。不要靠近避雷设备的任何部分。铁路、延伸很长的金属栏杆和其他庞大的金属物体等也应回避。

8. 如果你在江、河、湖泊或游泳池中游泳时,遇上雷雨则要赶快上岸离开。因为水面易遭雷击,况且在水中若受到雷击伤害,还增加溺水的危险。另外,尽可能不要待在没有避雷设备的船只上,特别是高桅杆的木帆船。

二、户外避雷守则

1. 雷雨天气时不要停留在高楼平台上,在户外空旷处不宜进入孤立的棚屋、岗亭等。

2. 远离建筑物外露的水管、煤气管等金属物体及电力设备。

3. 不宜在大树下躲避雷雨,如万不得已,则须与树干保持3米距离,下蹲并双腿靠拢。身高在这些树木和岩石高度的 $1/5 \sim 1/10$ 以下时,比较安全。

4. 如果在雷电交加时,头、颈、手处有蚂蚁爬走感,头发竖起,说明将发生雷击,应赶紧趴在地上,这样可以减少遭雷击的危险,并拿去身上佩戴的金属饰品和发卡、项链等。要把带在身上的一切金属物拿下放在背包中,尤其金属框的眼镜一定要拿下来。不要靠近避雷设备的任何部分;尽量不要使用设有外接天线的收音机和电视机,不要接打手机。

5. 如果在户外遭遇雷雨,来不及离开高大物体时,应马上找些干燥的绝缘物放在地上,并将双脚合拢坐在上面,切勿将脚放在绝缘物以外的地面上,因为水能导电。

6. 在户外躲避雷雨时,应注意不要用手撑地,同时双手抱膝,胸口紧贴膝盖,尽量低下头,因为头部较之身体其他部位最易遭到雷击。

7. 当在户外看见闪电几秒钟内就听见雷声时,说明正处于近雷暴的危险环境,此时应停止行走,两脚并拢并立即下蹲,不要与人在一起,相互之间要保持一定的距离,避免在遭受直接雷击后传导给他人。最好使用塑料雨具、雨衣等。

8. 在雷雨天气中,不宜在旷野中打伞,或高举羽毛球拍、锄头等;不宜进行户外球类运动,雷暴天气进行足球等运动是非常危险的;不宜在水面和水边停留;不宜在河边洗衣服、钓鱼、游泳、玩耍。

防范台风的安全知识

什么是台风呢? 台风和飓风有什么不同呢? 台风(typhoon)是产生在热带海洋上的热带气旋。它是一个旋转极快的空气大漩涡,一边绕自己的中心急速旋转,一边随周围大气向前移动,好比是河流中的水涡。移动的台风就像一个巨大的"空气陀螺"。而飓风和台风都是指风速达到33米/秒以上的热带气旋,只是因发生的地域不同,才有了不同名称。出现在西北太平洋和我国南海的强烈热带气旋被称为"台风";发生在大西洋、加勒比海和北太平洋东部的则称"飓风"。

台风在水平方向上主要分为台风外围(螺旋云带)、台风本体(涡旋区)和台风中心(台风眼区)三部分。

台风直径通常从几百公里到上千公里,垂直厚度十余公里。台风向前移动的速度平均约每小时20-30公里。

台风形成的有利条件:

第一,宽广的海面,海水温度在26度以上。

第二,南北纬5度以外海面。

第三,要有大范围的对流云存在。

全球每年形成的台风有很多,其中以北太平洋西部及中国南海地区生成的台风最多也最强。这里平均每年约生成24个,而一半以上发生在七、八、九三个月,其中以八月最多。这是因为七到九月份的气候条件十分符合台风形成的条件,所以每年的七、八、九这三个月是台风的高发期,而这个时候同学们正在放暑假,所以当听到有台风警报的时候我们千万不能跑到海边或者受到台风影响的区域去玩耍,如果正在海边的,那我们要迅速回家,保证安全第一。

世界气象组织把热带气旋按照中心附近最大平均风力的大小划分为6

个等级。专业说法上的台风指的是中心附近平均风力达到 12 - 13 级的热带气旋,而平时所说的台风却包括了热带低压、热带风暴、强热带风暴等,所以我们平时所说的台风的范围比专业上的范围要广。

台风是热带海洋上的强烈风暴,破坏力巨大。那么,它的威力到底有多大呢? 让我们把原子弹的能量和它相比。一般情况下,台风的成熟生命期平均为 5 天 ~ 7 天,根据计算,一个成熟的台风在一天之内所下的雨约 200 亿吨。这些雨水都是由水汽凝结而成的。200 亿吨水汽凝结后释放的热能相当于 50 万颗 1945 年在日本广岛爆炸原子弹的能量。

台风主要有三大危害,就是强风、暴雨和风暴潮。

1. 强风:吹毁房屋、建筑及高空设施,压死压伤人员。刮断电力和通讯线路,导致电力、通讯中断。吹翻车辆、船只、行人,摧毁农作物,吹倒甚至拔起大树。

2. 暴雨:造成平原洪涝,使城镇、村庄、农田受淹,城市内涝积水。引发山洪、地质灾害,冲毁房屋、建筑、道路、桥梁,甚至吞噬整个村庄。导致水库垮坝,堤防决口或漫顶。

3. 风暴潮:掀翻海上船只,冲垮码头、养殖场以及各类设施,冲走海边附近人员。造成海堤溃决,海水倒灌,冲毁房屋、建筑,淹没村镇、农田。造成潮水顶托甚至倒灌,导致城镇排水不畅、内涝加剧。如果当台风登陆或接近沿海地区时,如果恰逢天文大潮,狂风、暴雨、高潮同时袭击沿海地区,俗称"三碰头",那就会造成更加严重的损失。

台风带来的狂风暴雨以及引发的巨浪、风暴潮等灾害,破坏力极强,严重威胁着沿海地区人民群众的生命和财产安全。所以,在台风来临前,同学们一定要提早做好自我防范和保护,避免人身伤害,做到安全第一。

台风的预警可以分为红、橙、黄、蓝四个等级。

一、台风来临前的安全防范准备

当气象台发布台风消息或台风警报,台风来临前,我们应及早行动、积极准备,以"防"为主、防患于未然。主要做好以下几个方面:

1. 准备食品物品。准备必要的食物、饮用水、药品和日用品,以及蜡烛、应急灯、手电筒等应急用具。

2. 搬移易坠物品。将阳台、窗台、屋顶等处的花盆、杂物等易被大风刮落的物品,及时搬移到室内或其他安全地方。

3. 加固易倒设施。加固室外悬空、高空设施以及简易、临时建筑物,必要时予以拆除;加固网箱、大棚等养殖、种植设施,及时收获、收捕成熟的农产品和水产成品。

4. 物品防淹防浸。将低洼地段、江边河边等易涝房屋内的家具、电器、物资等,及时转移到高处。

5. 取消出行计划。不要到台风可能影响的区域游玩,正在台风可能影响区域旅游的应提前返回。取消出海计划,出海船只应尽早回港避风,并进入指定锚地停泊。

6. 做好转移准备。居住在危险区域的人员,应及早准备好必要的生活用品和食品,以及药品、手电筒、雨衣等,随时准备转移。老、弱、病、残、孕、幼等应尽早投亲靠友。

二、台风来临时的安全防范准备

当气象台发布台风紧急警报时,表示台风已经逐渐影响我们。台风来临时,应全力以赴、积极防避,以"避"为主,避免人员伤亡。我们要注意以下几个方面:

1. 密切关注台风,随时掌握最新台风预警信息。

2. 仔细检查室内的电路、电话、煤气等是否安全可靠,尽量拔掉不必要的电源插头,切断危险的室外电源。

3. 人员避免外出。人员尽量待在安全、坚固的房屋内,紧闭门窗并远离迎风门窗,特别是老人孩子,千万不要随意外出。

4. 停工停课停会。学校会根据上级有关部门的统一安排停课,同学们最好待在家里躲避台风,千万不能外出。

5. 台风来临时,如果你正出门在外,千万要小心谨慎,远离危险,确保人身安全。

(1)远离易倒建筑和高空设施。如广告牌、树木、电线杆、路灯、危墙、危房、脚手架、吊机、铁塔,以及临时搭建物、建筑物等。

(2)小心空中易坠落物品。如花盆、杂物、雨篷、空调室外机、门窗玻璃、幕墙玻璃,以及建筑工地上的零星物品等。

(3)江边、河边、湖边、海边及桥上风力更大,行人容易被吹倒、吹落造成溺水。

(4)小心积水、谨防触电。积水之下暗伏窨井、地坑等危险,要尽量绕开。发现电线杆吹倒、电线被风吹断,一定要迅速远避,谨防触电。

6. 遇险冷静自救。如果你被洪水围困或遭遇山洪袭击,一定要保持头脑冷静,努力避灾自救。

(1)当洪水袭来时,应迅速跑向附近的山坡、高地、楼房、或者爬上屋顶、楼房高层、大树、高墙等高的地方暂避,并尽快利用通讯工具向当地政府和防汛部门寻求救援,或利用救生器材等主动逃生自救。无通讯条件时,可制造烟火或来回挥动颜色鲜艳的衣物或集体同声呼救等向外界求救。当被卷入洪水时,一定要尽可能抓住固定的或能漂浮的东西,寻找机会逃生。无救生器材时,可用门板、桌椅、木床、大块的泡沫塑料等能漂浮的材料替代。

(2)溪河洪水迅速上涨或山洪暴发时,千万不要轻易涉水过河;发生洪水、泥石流、山体滑坡时不要沿着河谷跑,应向河谷两侧高处跑,且不要停留在凹坡处,并迅速远离滑坡体。

三、台风过后的安全防范准备

当气象台解除台风警报或解除台风预警时,表示台风的影响基本解除。台风过后,应继续加强安全防范和卫生防疫,我们要注意的主要有:

1. 不要立即返回。台风过后,转移、撤离人员不要立即返回,应确认危险区域已经安全,或政府已经宣布安全后,才可以返回。

2. 回家注意检查。遭遇台风侵袭后,家里可能已产生潜在的危险。先用手电筒等照明,在确认煤气是否安全前,不用火柴、打火机等明火。检查电路是否安全,不要乱接断落电线。检查房屋、门窗等是否牢固可靠。

3. 出行注意安全。台风经过后,外面充满了危险,出行千万要注意安全。遇到路障或者是被洪水淹没的道路,要切记绕道而行,不走不坚固的桥。遇到静止的水域有垂下来的电线、电缆,要立即远离,千万不要涉水,以防触电。不在被毁损的房屋、建筑、设施,以及折断的广告牌、电线杆、树木等附近逗留或经过。

4. 加强卫生防疫。灾情之后有疫情,大灾过后有大疫,灾后千万注意卫生防疫。

(1)清理周围环境。尽快清理垃圾、淤泥、动物尸体等,并用漂白粉等消毒,死禽死畜应先消毒再深埋。

(2)注意饮水卫生。水要经过消毒烧开后再喝,千万不要喝生水,尽量饮用干净的瓶装水。

(3)预防食物中毒。不食用被大水淹没或浸泡过的食品,不食用腐败变质或被污染的食物。

(4)避免接触脏水。不用不干净的井水、河水洗漱,不接触脏水、疫水,外出尽量要穿胶鞋,预防疾病。

(5)得病及时就医。有病及时诊治,发现腹泻、发热等可疑传染病症状要及时向医疗卫生部门报告,做到早发现、早诊断、早报告、早隔离、早治疗,严防疫病传播。

防范泥石流的安全知识

案例

2010 年 5 月 14 日晚上的暴雨使广州帽峰山山麓的广州涉外经济职业技术学院遭灾。当晚,山洪裹挟巨大的泥石流直冲进山腰上的女生宿舍,两栋女生宿舍 600 多名学生连夜紧急转移,至 15 日凌晨 4 时许方才安排妥当。

该学院 30 栋的生活老师吴老师 14 日晚忙了一整夜,累得声音沙哑。她说,事发当晚正逢周末,学校不熄灯,许多同学还未睡觉。"大约 11 时,我突然闻到了一股浓重的草根味,开门一看,不得了!山洪裹挟着大树、石头、泥沙都冲了下来!"

生活老师们赶紧组织一楼的学生带着值钱的东西转移到 2 楼。大约 12 时许,31 栋外面的围墙被泥石流冲倒,泥石流不断往一楼灌。31 栋的生活老师组织学生转移,此时,赶来救援的人员正在路上紧急前行。15 日凌晨 2 时许,300 多名救援人员赶到,组

139

织 31 栋和 30 栋的女生转移。救援人员组成人墙,将晾衣服的铁链紧握手中,女生们扶着铁链一步一步地转移下山。到凌晨 4 时许,600 多名学生安全转移到山下食堂。

广州涉外经济职业技术学院位于白云区太和镇沙太中路大源金龙路 32 号,学校依山而建。

泥石流往往突然爆发,在很短时间内将大量泥沙石块冲出沟外,沉积的泥沙和石块还会将所经之处掩埋,是一种破坏力巨大的地质灾害。我国是受泥石流灾害比较严重的国家之一。

一、泥石流发生时的前兆

1. 泥石流沟谷上游突然传来轰鸣声。若山体发出打雷般声响,极可能是泥石流发生的前兆。其声音明显不同于机车、风雨、雷电、爆破等声音,可能是由泥石流携带的巨石撞击产生的。

2. 泥石流沟谷下游突然断流或者水势突然加大,并夹杂有很多柴草、树枝等。

河流上游地区的山林,在洪水冲刷下发生滑动,划破堵住河水导致河流断流,这是溃决型泥石流即将发生的前兆。

3. 动物异常,如猪、狗、牛、羊、鸡惊恐不安,不能入睡,老鼠乱窜。

暴雨期间沟谷堵塞时,随意去疏通是非常危险的。

二、泥石流发生时如何脱险救护

1. 遇到泥石流,要往与泥石流成垂直方向的山坡上跑,而不能顺着泥石流的方向往下面跑,且不要停留在凹坡处。

2. 在沟谷内逗留或活动时,一旦遭遇大雨、暴雨,要迅速转移到安全的高地,离山谷越远越好,不要在低洼的谷底或陡峭的山坡下躲避、停留。

3. 野外宿营时要选择平整的高地作为营地,不能在由滚石和有大量堆积物的山坡下面扎营,也不要在山谷和河沟底部扎营。

4. 暴雨听后,不要急于返回沟内的住地,应等待一段时间。

防范溺水的安全知识

案例

2007年今年5月19日16时左右,重庆市江津区白沙镇驴溪河发生一起群体溺水事件。6名小学女生在结伴游泳时发生险情,中学男生杨某在救起1人后不幸遇难,其余学生中有4人溺水身亡,1人失踪。

游泳是磨炼意志、锻炼身体的好方法,但是,游泳也有注意事项。

一、如何预防溺水事故发生

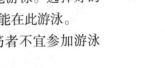

1. 不要独自一人外出游泳,也不要到不知水情或比较危险且宜发生溺水伤亡事故的地方去游泳,更不要私自到江、河、湖、水库等地游泳。选择好的游泳场所,对场所的环境要了解清楚。若有危险警告,则不能在此游泳。

2. 要清楚自己的身体健康状况,平时四肢就容易抽筋者不宜参加游泳或不要到深水区游泳。

3. 游泳时切勿太饿、太饱。饭后一小时才能下水,以免抽筋。

4. 要做好下水前的准备,先活动活动身体,如水温太低应先在浅水处用水淋洗身体,待适应水温后再下水游泳;镶有假牙的同学,应将假牙取下,以防呛水时假牙落入食管或气管。

5. 对自己的水性要有自知之明,下水后不能逞能,不要贸然跳水和潜泳,更不能互相打闹,以免喝水和溺水。不要在急流和漩涡处游泳,更不要酒后游泳。

6. 在游泳中如果突然觉得身体不舒服,如眩晕、恶心、心慌、气短等,要立即上岸休息或呼救。

7. 跳水前一定要确保此处水深至少有3米,并且水下没有杂草、岩石或其他障碍物。以脚先入水较为安全。

二、如何预防游泳时下肢抽筋

1. 游泳前一定要做好热身运动。

2. 游泳前应考虑身体状况,如果太饱、太饿或过度疲劳时,不要游泳。

3. 游泳前先在四肢淋些水再下水,不要立即下水。

4. 游泳时如胸痛,可用力压胸口,等到稍好时再上岸。

5. 腹部疼痛时,应上岸,最好喝一些热的饮料或热汤,以保持身体温暖。

三、如何进行溺水自救

游泳中常会遭遇到的意外是抽筋、疲乏、漩涡、急浪等,这时,要沉着冷静,按照一定的方法进行自我救护。同时,发出呼救信号。

1. 在水中沉着自救

除呼救外,取仰卧位,头部向后,使鼻部可露出水面呼吸。呼气要浅,吸气要深。因为深吸气时,人体比重降到比水略轻,可浮出水面,此时千万不要将手臂上举乱扑动,而使身体下沉更快。

2. 水中抽筋自救法

抽筋的主要部位是小腿和大腿,有时手指、脚趾及胃部等部位也会抽筋。

(1)游泳时发生抽筋,千万不要惊慌,一定要保持镇静,停止游动,先吸一口气,仰面浮于水面,并根据不同部位采取不同方法进行自救。

(2)若因水温过低而疲劳产生小腿抽筋,则可使身体成仰卧姿势。用手握住抽筋腿的脚趾,用力向上拉,使抽筋腿伸直,并用另一腿踩水,另一手划水,帮助身体上浮,这样连续多次即可恢复正常。上岸后用中、食指尖掐承山穴或委中穴,进行按摩。

(3)要是大腿抽筋的话,可同样采用拉长抽筋肌肉的办法解决。

(4)两手抽筋时,应迅速握紧拳头,再用力伸直,反复多次,直至复原。如单手抽筋,除做上述动作外,可按摩合谷穴、内关穴、外关穴。

(5)上腹部肌肉抽筋,可掐中脘穴(在脐上四寸),配合掐足三里穴,还可仰卧水里,把双腿向腹壁弯收,再行伸直,重复几次。

（6）抽过筋后,改用别种游泳姿势游回岸边。如果不得不仍用同一游泳姿势时,就要提防再次抽筋。

3. 身陷漩涡自救法

（1）有漩涡的地方,一般水面常有垃圾、树叶杂物在漩涡处打转,只要注意就可早发现,应尽量避免接近。

（2）如果已经接近,切勿踩水,应立刻平卧水面,沿着漩涡边,用爬泳快速地游过。因为漩涡边缘处吸引力较弱,不容易卷入面积较大的物体,所以身体必须平卧水面,切不可直立踩水或潜入水中。

四、疲劳过度自救法

1. 觉得寒冷或疲劳,应马上游回岸边。如果离岸甚远,或过度疲乏而不能立即回岸,就仰浮在水上以保留力气。

2. 举起一只手,放松身体,让对方拯救。不要紧抱着拯救者不放。

3. 如果没有人来,就继续浮在水上,等到体力恢复后再游回岸边。

防范交通伤害的安全知识

衣、食、住、行,是人们生活中最基本的内容。其中的"行",要涉及交通问题。同学们平日里上学、放学,节假日外出、旅游,除了步行以外,还要骑自行车、乘公共汽(电)车,路程更远的,要乘火车、乘船。所以,交通安全问题是我们必须重视的,要从小树立交通安全意识,掌握必要的交通安全知识,确保交通安全。

案例一

一天中午,上初中二年级的小飞骑着自行车去学校。就在他走到十字路口时,亮红灯了。但是当时街上车辆并不多,他看了看旁边没车经过就马上猛蹬了一下,直向对面冲去。就在这时,一辆浅蓝色的小轿车急驰而来……于是,一起本不应该发生的交通事故就这样酿成了。

发生交通事故的原因大致有走路精神不集中,戴着音乐听筒过马路;有的学生为了赶时间;有的学生缺乏耐性、贪图方便;还有的学生认识不到交通规则的重要性,认为不遵守交通规则并不是什么大过错,等等。

案例二

2006 年月 10 月 1 日,某县职技校学生李飞(男、17 岁)和其弟东冶中学学生李某(男、15 岁)无证骑乘一辆无牌五羊 125 型二轮摩托车行至城镇李会腰路段时与一辆大货车相撞,致二人当场死亡的重大交通事故。

案例中的李飞两兄弟的惨祸是由于自身违反了"年满 18 岁取得驾驶证方可在路上驾驶机动车辆"的规定而造成的。因此,学校要加强对中小学生及幼儿的交通法规宣传教育,使他们学法、知法、守法,尽可能地避免车祸的发生。

一、如何预防交通事故

1. 必须在人行道内行走。人必须在马路两边的人行道步行,一切机动车辆都不准走人行道,要各行其道。

2. 在横穿马路时,必须遵守交通规则,不要乱闯乱碰。应走人行横道(斑马线),在有交通信号控制的人行横道,需按信号灯的指示通过;在没有交通信号控制的人行横道,需注意车辆,不要追逐猛跑。

3. 在没有人行横道的路段,更应遵守交通规则,必须直行通过,不要斜穿猛跑。这样会使交通发生混乱,更影响司机的心情,从而大大增加了交通事故的发生几率。

4. 不要在车辆临近时突然横穿,要注意避让车辆。通过时,先看左边的来车,因为首先威胁自己的是左边来的车辆;到了路中间就看右边的来车,目测车速和距离,确认安全时才可以通过。

5. 过马路时要耐心等待绿灯,不要急着乱闯,更不能翻越护栏或坐在马路上。穿越栏杆,使人车混行,会增加事故发生的可能性。最危险的是穿越铁路道口护栏与火车争道抢行,这样可能会被火车卷入轮下。

6. 绝对不准在道路上扒车、追车、强行拦车和抛物击车。这样做是非常危险的,会有造成死亡的危险。

二、交通安全知识

1. 行走的安全常识

无论是上学、还是参加各类活动,大家出行的时候都要严格遵守交通规则。行走时应该了解的安全常识如下:

(1)应在人行道内行走。没有人行道的,要靠右边行走。

(2)过马路要走人行横道(斑马线)。通过有交通信号控制的人行横道,需遵守信号的规定;通过没有交通信号控制的人行横道,需注意车辆,不准追逐、猛跑;没有人行横道的,需直行通过,不准在车辆临近时突然横穿;有人行过街天桥或地道的,需走人行过街天桥或地道。

(3)不准翻越、倚坐道路交通隔离设施。道路交通隔离设施包括绿化隔离带、行人护栏和隔离墩。行人护栏安装在人行道外侧、非机动车道和人行道之间,用来保护行人在人行道上行走得安全,防止行人乱穿马路或走到慢车道上去。不要跨、钻行人护栏,以防发生意外。

(4)不准在道上扒车、追车、强行拦车或抛物击车。车辆行驶速度快,追车、拦车等行为都可能会造成严重后果,而向高速行驶中的车辆投掷物品,不但会损坏车辆,影响司机的正常驾驶,还可能会被反弹回的物品崩伤。

(5)集体外出活动时,要排成两列纵队,在人行道上行走,听从带队老师的指挥。不要随便离开队伍。不要在队伍里你推我拉,嬉戏打闹。不做妨碍交通安全的事,不在交通拥挤的地方集队、停留,以免影响他人通行。过公路时,应走人行横道。没有人行横道的路段要看清路面情况,在没有车辆行驶时,抓紧时间通过。

2. 骑自行车的安全常识

自行车轻便灵活,是学生外出理想的交通工具,但是比起走路,它的不安全因素也增加了。骑车时应该注意的一些安全常识:

(1)不要在马路上学骑自行车。马路上车辆穿梭,行人也多,初学骑车者很容易发生事故。另外,自行车的车型大小要合适,不要为了盲目追求自行车的另类、新潮而选择与自己身高、腿长等不符的车型。

(2)要经常检修自行车,保持车况完好。车闸、车铃是否灵敏、正常尤其重要。如果是购买的二手车,应该确保以上部件可以正常使用。

(3)骑自行车要在非机动车道上靠右边行驶,不逆行;转弯时不抢行猛拐,要提前减慢速度,看清四周情况,以明确的手势示意后再转弯,不要和机动车抢道。经过交叉路口,要减速慢行,注意来往的行人、车辆。

(4)骑车时不要双手离把,不多人并骑或单手持物骑车,不互相攀扶,不互相追逐、打闹。

(5)骑车时不攀扶机动车辆,不载过重的东西,不在骑车时戴耳机听广播。现在 MP3 等娱乐消费品深受同学们的喜欢,好多人喜欢一边骑车一边听音乐,这是非常危险的,不能听到汽车的鸣笛声,很容易发生事故。

(6)除带有固定座椅的学龄前儿童外,在市区骑自行车不准带人。有的同学喜欢骑车带人,甚至在车子上面彼此嬉笑打闹,这都是很危险的。

(7)不闯红灯,遇停车等信号时不越过停车横线。

(8)骑车被撞后,如果机动车逃逸,要记住肇事车颜色、型号、车牌号码等特征,并迅速报警。

3. 乘坐汽车的安全常识

随着生活水平的日益提高,汽车在人们的出行中扮演着越来越重要的角色。不仅驾驶员需要注意各种交通规则和驾驶安全规程,乘客也需要提高安全意识。在以往的一些交通事故中不少就是因为乘客不懂交通规则而酿成的。

(1)不要在机动车道上招呼出租汽车。公路上一般都设有专门的出租车乘降点,在机动车道上招呼出租车,不但自身危险,也会因为出租车司机的紧急刹车造成他人的危险。

(2)乘坐公共汽车,要排队候车,按先后顺序上车,不要拥挤。上下车均应等车停稳以后,先下后上,不要争抢。如果有老人、儿童、孕妇、残疾人等,要让他们先上,充分发扬新时代中小学生的风格和优良品德。

(3)不要把汽油、爆竹等易燃易爆危险品带入车内。在汽车行驶过程中,这些易燃易爆品很容易因为摇晃、碰撞或乘客丢弃的烟头而酿成火灾、爆炸。

(4)乘车时不要把头、手、胳膊伸出车窗外,以免被对面来车或路边树木等刮伤;也不要向车窗外乱扔杂物,以免伤及他人。

（5）乘车时要坐稳扶好，没有座位时，要双脚自然分开，侧向站立，握紧扶手，以免车辆紧急刹车时摔倒受伤。乘坐货运机动车时，不准站立，不准坐在车厢栏板上。

（6）不要同司机攀谈，以免分散司机注意力。不要催司机开快车或以其他方式妨碍司机的正常驾驶。

（7）乘坐小轿车、微型客车时，在前排乘坐时应系好安全带。当车辆在高速行驶时发生碰撞或紧急制动时，巨大的惯性会使车内人员与方向盘、挡风玻璃或前排坐椅等发生二次碰撞，从而造成对人员的严重伤害。而安全带能将人束缚在座位上，它的缓冲作用会吸收大量动能，大大减轻人员的伤害程度。好多同学认为在市内行车，时速不会太高，所以没什么机会能用得着安全带。其实，当车辆仅以每小时40公里的速度行驶时发生碰撞，身体前冲的力量就会相当于从4层楼上扔下一袋50公斤重的水泥，其冲击力之大可想而知。所以，安全带的作用在这个时候就能显示出来。

（8）下车时，应首先看前后有无来车（包括自行车）来人。从较为安全的右门下车。如确需从左门下车，应观察确认没有来车时再开门下车，并迅速从车后走上人行道，切不可从车前或车后突然猛跑横过马路。调查表明，很多交通事故就是在这种情况下发生的。

4. 乘坐火车的安全常识

当我们进行长途旅行的时候，乘坐火车比较方便。在乘坐火车的时候，也有一些我们必须注意的安全常识。

（1）应照章购票、按时检票，否则一旦发生事故得不到保险赔偿。

（2）不要携带易燃品、易爆品、危险品乘车。另外，猛兽、毒蛇等也严禁带上列车。

（3）应遵守车站秩序，不可穿行铁道、不可钻车、跳车。列车进站时，旅客及送客的人都要退离到安全白线之外，列车没有停稳时，不要往前拥挤，更不能跳窗上下。列车开动时，送行者不要越过白色安全线，更不可随车向前跑动，与车上亲友握手、送东西等。

（4）不要扒乘货车。货车在许多车站不停车，扒乘者只好冒险跳车，很容易造成伤亡。货车上的货物在撞挤时也容易伤人。

（5）行车当中不要随意在车厢中走动，不要把头、手、脚伸到车窗外，以免被车窗卡住,或被车外信号机、隧道及线路旁的树木刮伤。

(6)在列车上不要饮酒,喝酒过量,头脑失去控制,上下车容易摔伤、碰伤。沏茶时不要倒水过满,防止烫伤。就餐时注意防止列车晃动时造成汤水外溢。

(7)在列车上睡觉时禁止吸烟,以免烧坏卧具引起火灾。

(8)行李架上的物品要放牢固,避免掉下来伤人。同时,不要移动、变换位置,也不要不断从袋中取出东西,防止引起扒手的注意而被盗。行李包、袋要放在自己座位前方视力可及的行李架上,两个以上的行李袋、包最好用链式锁锁在一起。下车前检查齐全带走,防止遗落车上。

(9)不要乱动列车上的设备,特别是列车的制动阀,以免紧急情况发生时失灵而发生重大事故。

(10)在列车上的一切废弃物,如啤酒空瓶、空罐头盒等物,不要顺车窗扔下来,以免影响卫生及伤害车下行人。

(11)以往,有很多同学在坐火车中转时住上了黑店,还有的挨了票贩子的宰,或被所谓的老乡骗走钱财。所以,长途旅行要提高警惕,住宿要到正规旅店,买票要到正规的售票窗口,最好是三五成群结伴而行。不要在火车上向陌生人透露自己的姓名、学校、家庭住址、父母工作等隐私信息,以免被人利用。

5. 乘坐船舶的安全常识

很多同学会在假期选择乘船出游,或者进行水上漂流、游览等项目。在旅游旺季,游船超载常常因此无法得到有效控制,而船舶超载是水上交通安全事故的重要原因之一;另外船体相撞、失火、下沉、遭遇暴风等事故也时有发生。所以,同学们需要了解乘坐船舶的一些安全常识。

(1)上船的第一件事就是留意观察救生设备的位置和紧急逃生路径。例如乘坐客轮时,要了解客房在船上的位置,仔细阅读在房门背后的紧急疏散示意图;在船的主要过道或大厅等人流相对集中的地方,都标有安全出口示意图,上船后要注意识别这些标识的逃生方向。

(2)了解救生衣存放的位置,熟悉穿戴程序和方法。这样当迅速撤离时,可以赢得时间自救。发现船上出现超载时要保持警惕,尤其是船体剧烈颠簸时,要高度戒备,换上轻装,将重要财物随身携带。

（3）不乘坐没有安全合格证书的船只，不乘坐超载的船只。天气恶劣有大风、浓雾时不乘船。

（4）上下船要排队，不拥挤、争抢，防止发生挤伤、落水事故。

（5）不在船头、甲板打闹追逐。如果是小型船只，不要拥挤在船的一侧，以防船体倾斜。

（6）不要乱动船上设备。夜间航行，不用手电筒向水面、岸边乱照，以免引起驾驶员的错觉。

（7）一旦出现险情，万不可盲目乱窜，不管情况多么紧急，都要听从指挥，保护船体平衡，如此才能延缓下沉速度，争取更多的救护时间。万一掉进水里或者跳到水里，要屏气并捏着鼻子，避免呛水，因为人一旦呛水将失去方向感而变得更为惊惶疲惫。在放松身体的同时试一试能否站起来，因为很多河流并不是很深。为了节省体力，一般落入水中要脱掉沉重的鞋子，扔掉口袋里沉重的东西，不要贪恋财物。

6. 乘坐地铁的安全常识

地铁作为一种先进的交通工具而受到现代人的青睐。在拥有发达地铁线网的大型城市中，一半以上的市民出行会依赖轨道交通。然而，地铁一般处在封闭空间中，如果遇到紧急情况，应对起来也比较麻烦，所以同学们必须掌握相关的安全常识。

（1）不要抢上抢下。

（2）上下车时注意站台与列车的缝隙。

（3）不要攀爬倚靠护栏、护网及站台安全门。

（4）不要在地铁里吸烟及追跑打闹。

（5）严禁携带易燃、易爆、有毒危险化学品进入地铁站。

（6）不要擅自进入轨道、隧道等禁止进入的区域。

（7）不要在出入口站台通道内停放车辆或乱放自己的物品。

（8）酒后不要乘坐地铁。

（9）遵守秩序，有序乘车，不故意推挤其他乘客。在听到或看到车门关闭的警示后，切勿硬往里闯，而是应该耐心等待后续列车，否则容易引发夹人、夹物的危险状况。

（10）应随时关注车门或屏蔽门上方的灯，注意车门蜂鸣器的警示声。

7. 横穿马路的注意事项

横穿马路,可能遇到的危险因素会大大增加,应特别注意安全。

(1)穿越马路,要听从交通民警的指挥;要遵守交通规则,做到"绿灯行,红灯停"。

(2)穿越马路,要走人行横道线;在有过街天桥和过街地道的路段,应自觉走过街天桥和地下通道。

(3)穿越马路时,要走直线,不可迂回穿行;在没有人行横道的路段,应先看左边,再看右边,在确认没有机动车通过时才可以穿越马路。

(4)不要翻越道路中央的安全护栏和隔离墩。

(5)不要突然横穿马路,特别是马路对面有熟人、朋友呼唤,或者自己要乘坐的公共汽车已经进站,千万不能贸然行事,以免发生意外。

三、交通事故自救措施

一旦发生交通事故,在现场的同学千万不要慌张,而应尽量保持镇静,寻求解决问题的有效途径并积极进行自救。

1. 汽车着火

一旦乘坐汽车发生火灾,切忌惊慌失措,千万不能骚乱,这样容易把出口的车门堵住,一定要注意秩序。可采取以下几种方法:

如果火焰小没封住车门,乘客们可用衣物蒙住头部,从车门冲下;

如果不能从车门逃生,乘客可以采取破窗的办法逃生。公交车上有一种专门的尖锤可以用来紧急敲窗;

公交车还配有灭火器,位置一般在驾驶座后部和车身的中间;

如果在逃生过程中,衣服不慎起火来不及脱,可就地打滚,将火压灭。发现他人身上的衣服着火时,可以脱下自己的衣服或用其他布物,将他人身上的火捂灭,切忌着火人乱跑或用灭火器向着火人身上喷射。

2. 火车着火

旅客首先要冷静,千万不能盲目跳车,那无疑等于自杀。使火车迅速停下是首要选择。失火时应迅速通知列车员停车灭火避难,或迅速冲到车厢两头的连接处,找到链式制动手柄,按顺时针方向用力旋转,使列车尽快停下来。或者是迅速冲到车厢两头的车门后侧,用力向下扳动紧急制动阀手柄,也可以使列车尽快停下来。

旅客列车每节车厢内都有一条长约20米、宽约80厘米的人行通道,车厢两头有通往相邻车厢的手动门或自动门。当某一节车厢内发生火灾时,这些通道是被困人员利用的主要逃生通道。火灾时,被困人员应尽快利用车厢两头的通道,有秩序地逃离火灾现场。

旅客列车车厢内的窗户一般为70厘米×60厘米,装有双层玻璃。在发生火灾情况下,被困人员可用坚硬的物品将窗户的玻璃砸破,通过窗户逃离火灾现场。

3. 飞机遇险了

(1)当飞机在飞行过程中遇险时,一定要镇定、冷静,千万不要惊慌失措。

(2)当飞机遇险时,一定要听从机组和空中乘务员的指挥,按照他们的指令行动,绝不能擅自行动。这样不但不利自己安全,也会给整个避险带来不利。

(3)如果飞机遇险需要迫降时,应按照空中乘务员的指挥,立即将可能伤害身体的锐利物品取下。女同学应脱去丝袜及高跟鞋,将这些物品放在飞机座椅背面的口袋里,并收拢小桌。

(4)扶直椅背,穿上所有的衣服,若有帽子和手套也都戴上,并系好安全带。

(5)此时还可将毛毯等柔软的物品垫在自己的腰部,这样可以保护腰部少受伤害。

(6)飞机迫降前机组人员会将自我保护的方法教给乘客,大家可按照步骤进行,并将双腿分开、低头,且两手抓住双腿。

(7)飞机即将触地时,机长会发出最后指令,这时应将两手用力抓住双腿、屏气,使全身肌肉紧张起来,对抗外力,防止飞机触地时的猛烈冲击。

(8)脱离危险后离开飞机时,应等待飞机停稳后马上解开安全带,按照机组和乘务员的指令有秩序地快速离开飞机。

(9)如果飞机迫降在水面上时,应先将救生衣充气穿上,等到急救船艇连接上飞机后,再乘船艇快速离开飞机。

(10)离开遇险飞机后,应在指定地点集合,以便办理飞机迫降后的其他事宜。

4. 发生车祸

一旦发生车祸,学生必须按照以下方法进行处理:

(1)如果是被车撞倒,可以将车牌号记住,然后立即通知警察。

(2)一旦同伴头部受了重伤,首先给急救中心打电话,再将同伴头部稍微垫高;如果胸部出现创伤,应将伤者半躺着靠在某处,以减轻肺内充血。假如事故发生时有危险液体漏出,或有毒气排放时,要立即远离事故现场。

(3)发生车祸后,受伤者不能活动,静待救护人员的到来。在发生车祸后,最常见的就是出现四肢骨折、脊椎骨折和骨盆骨折等现象。四肢骨折症状显著,不易忽略;但脊椎骨折不易被发现,现场处理不好往往会形成截瘫,造成终生不幸。因此,凡遇到可能是脊椎骨折时,应保持伤者安静,绝对不能让受伤者做任何活动。

(4)正确判断伤情和受伤部位;按先救命,后救伤的原则,先心肺复苏,后处理受伤部位;迅速止血,包扎伤口,固定骨折;尽快转送医院。

防范触电的安全知识

案例

2001年7月3日晚某中学一学生宿舍灯泡电线接头处绝缘胶布脱开,电线与铁制房梁接触,致使房梁带电。住在该宿舍双层床上铺的初二学生张某某手触房梁时触电身亡。

"触电"就是电流通过人体,这时人感到全身发麻,肌肉抽动,以致烧伤;严重时,立即造成呼吸、心跳停止而死亡。

随着生活水平的不断提高,生活中用电的地方越来越多了。因此,我们有必要掌握以下最基本的安全用电常识。

一、安全用电常识

1. 认识了解电源总开关,学会在紧急情况下关断总电源。

2. 不用手或导电物(如铁丝、钉子、别针等金属制品)去接触、探试电源插座内部。

3. 不用湿手触摸电器,不用湿布擦拭电器。

4. 电器使用完毕后应拔掉电源插头;插拔电源插头时不要用力拉拽电线,以防止电线的绝缘层受损造成触电;电线的绝缘皮剥落,要及时更换新线或者用绝缘胶布包好。

5. 发现有人触电要设法及时关断电源;或者用干燥的木棍等物将触电者与带电的电器分开,不要用手去直接救人;年龄小的同学遇到这种情况,应呼喊成年人相助,不要自己处理,以防触电。

6. 不随意拆卸、安装电源线路、插座、插头等。哪怕安装灯泡等简单的事情,也要先关断电源,并在家长的指导下进行。

二、安全使用电器

1. 各种家用电器用途不同,使用方法也不同,有的比较复杂。一般的家用电器应当在家长的指导下学习使用,对危险性较大的电器则不要自己独自使用。

2. 使用中发现电器有冒烟、冒火花、发出焦煳的异味等情况,应立即关掉电源开关,停止使用。

3. 电吹风机、电饭锅、电熨斗、电暖器等电器在使用中会发出高热,应注意将它们远离纸张、棉布等易燃物品,防止发生火灾;同时,使用时要注意避免烫伤。

4. 要避免在潮湿的环境(如浴室)下使用电器,更不能使电器淋湿、受潮,这样不仅会损坏电器,还会发生触电危险。

5. 电风扇的扇叶、洗衣机的脱水筒等在工作时是高速旋转的,不能用手或者其他物品去触摸,以防止受伤。

6. 电器长期搁置不用,容易受潮、受腐蚀而损坏,重新使用前需要认真检查。

三、使用常用电器的注意事项

1. 空调

空调应避开窗帘;不要短时间内连续切断、接通空调的电源;当停电或拔掉插头后,一定要将选择开关置于"停"的位置,接通电源后重新按启动步骤操作;在运行中若发现有异味或冒烟,应立即停机检查。

2. 电视机

电视机要放在通风、干燥的地方;避免震动、冲击、碰撞、温度骤热或湿热条件下引起电线短路;电视机在收看过程中,若发现屏幕上有不规则黑点(线)、亮度突然变暗、图像扭曲变形、机器冒烟或发出焦味、开机后荧光屏不亮而关机后出现一亮点等现象,都应关机停用。

3. 电冰箱

电冰箱内不要储存化学危险物品;冷凝器应与墙壁保持一定的距离;电气控制装置失灵时应立即停机检修;电冰箱断电后,至少要过 5 分钟才可重新启动。

4. 收录机

无独立电源开关的收录机不使用时务必关掉电源,尤其不要带电过夜;高温季节连续工作一般不超过 5 小时;勿使液体进入收音机;潮湿季节应定期打开盖驱潮。

5. 洗衣机

严禁将刚使用汽油等易燃液体擦过的衣服立即放入洗衣机内洗涤;经常检查洗衣机电源引线,切勿使用磨损、老化或有裂纹的电线;不要将钥匙、硬币等硬东西随衣服放入洗衣机内;切勿超容量洗涤。

6. 无绳电话

不要购买"三无"劣质产品;使用子机变压器时,要注意不能长时间充放,如长时间离家必须拔掉插座;使用子机变压器时,其附近不要摆放报纸、杂志及打火机等,其变压器插座最好专座专用。

7. 电取暖器

避免电热取暖器与周围物品靠得太近,严禁直接将衣物放置在取暖器上烘烤;注意接线与电器功率的配套;防止过电压或低压长时间运行;防止绝缘层长期受热老化引起短路;应设置短路、漏电保护装置。

8. 电热炉具

购买时应买合格产品;在使用过程中应有人看护;使用时其下方的台

两必须为不燃材料制作;选择与电热炉具功率匹配的导线;接、插部分保持接触良好,并保持干燥。

9. 电饭锅

电饭锅周围一定范围内不应有易燃、可燃物品,更不能放液化石油气钢瓶;要有固定电源插座,线路连接要牢固;用电饭锅做汤、烧水时,要有人看管;电热盘和内锅外表面不可沾有饭粒等杂物;使用时内锅要放正,放下后来回转动一下,不能用普通铝锅代替内锅。

10. 吸尘器

连续使用时间不宜过长,以防电动机过热烧毁;电源插座不宜与其他功率较大的家用电器同时使用;不要用水洗涤吸尘器主体机件;不要用吸尘器吸火柴、烟头、铁钉、玻璃破片等物品;使用完毕应切断电源,及时倒掉积尘。

11. 电风扇

每年使用电风扇前都要检查电源线路是否有破损;使用电风扇应注意防潮、防晒、防灰尘;开启电风扇应在低速档启动电扇后再调到高速档;电源电压要符合要求,经常向油孔部位注射润滑油。

12. 电吹风

电吹风在通电使用时,人不能离开,更不能随手放置在台板、桌凳、沙发、床垫等可燃物上;电吹风使用完毕后,切记要将电源插头从插座上拔下来;遇到临时停电或出现故障,切记要拔下插头。

13. 电热毯

电热毯必须平铺在床单或薄的褥子下面,绝不能折叠起来使用;离家外出或停电时,必须拔掉电源插头;电热毯接通电源30分钟后应将调温开关拨至低温档;不要在铺有电热毯的床上蹦跳;使用收存过程中应尽量避免在固定位置处反复折叠打开;被尿湿或弄脏的电热毯,不能用手揉搓洗涤,应用软毛刷蘸水刷洗,待晾干后方能使用。

四、下雷雨时怎样使用电器

1. 关掉收音机、录像机、电视机等电器的开关,拔出电源插头,拔出电

视机的天线插头或有线电视的信号电缆,最好将电缆移至房外。

2. 暂不用电话,如一定要通话,可用免提功能键,与话机保持距离,切记直接使用话筒。

3. 离开电线、灯头,有线广播1.5米以上。

五、发现漏电、触电事故怎么办

发生触电事故,要立即切断电源。如电源开关太远,可以站在干木凳上用不导电的物体,如木棒、竹竿、塑料棒、衣服等,触电者与带电体分开。切莫将带电体碰着自己和他人身体,避免触电现象再发生,触电者痉挛紧握着电线时可以用干燥的带木柄的斧头或用绝缘的钢丝钳切断电线。抢救触电者一定要及时,不能拖延一分一秒,因为触电时间越长,危害越大,生命越危险。

发现有人触电,惊慌失措,直接用手去接触电者,用剪刀剪电线,都是错误的,这样做会使救人者自己也触电。

防范宿舍火灾的安全知识

案例

1997年5月23日凌晨3时许,云南省富宁县洞波乡中心学校学生侯某在床上蚊帐内点蜡烛看书,瞌睡之际不慎碰倒蜡烛引燃蚊帐和衣物引起火灾。火灾烧死学生21人,伤2人,烧毁宿舍24平方米,直接经济损失1.5万元。

寝室是我们存放现金、贵重物品、衣物、书籍的地方,也是我们疏于防范、麻痹大意的地方。为了保证宿舍的消防安全,请同学们特别注意。

一、引发寝室火灾的媒介

1. 床头灯

床头灯的危险性在于它放的位置是在床的周围,而床又是棉、纸等可燃物的集中区。经实验表明:电灯泡功率越大,通电时间越长,表面温度越高。在常温下,40W 的灯泡表面温度达 65～70 摄氏度,60W 达 130～190 摄氏度,100W 达 150～220 摄氏度。有人试验,一个 100W 的通电灯泡紧贴棉絮,13 分钟就会被烤着。同样功率的灯泡被稻草覆盖,2 分钟即可引燃。有的同学考试期间挑灯夜战,又怕影响别人休息,用纸或毛巾等物遮挡,经过一定时间蓄热,使可燃物炭化,很容易发生火灾。

2. 蜡烛

蜡烛在学生宿舍是严格被禁止使用的,然而个别同学平时不用功,临阵磨枪,偷偷地秉烛夜读。由于连续作战,过度疲劳,很容易睡着,但蜡烛还燃烧着。在熟睡过程中,蜡烛很容易被碰倒,引燃被褥,伤及身体,甚至引发火灾。希望同学们积极出面阻止在宿舍内使用蜡烛,让"蜡烛之火"在宿舍消失。

3. 蚊香

蚊香在我们学生宿舍使用也比较多,它具有很强的引燃能力,点燃后虽然没有火焰,但能够持续燃烧,温度在 700 摄氏度左右,如接触可燃物,就会引起燃烧。在宿舍内点蚊香时一定要把其放在不燃的支架上,并远离可燃物,特别要远离蚊帐、衣物、被褥、桌椅,以防人走动或睡觉时,把可燃物碰倒在蚊香上,引发火灾。再有,离开宿舍一定要把蚊香熄灭。

(1)点燃的蚊香要放在支架上,支架可放在水泥地、金属盘上,切不可放在纸箱、木板等可燃物上。

(2)点燃的蚊香要放在远离窗帘、蚊帐、衣服等可燃物的地面上。

(3)使用电蚊香时,也要放在远离纸、木器等易燃物的地面上,不用时,应拔去插头。

4. 充电设备

很多同学的小电器都需要进行充电,如数码相机、随身听、笔记本电脑,男生用的剃须刀等,由于经常的使用,就需要频繁的充电,并且每次都要充几个小时。个别同学充上电后,转身就去教室上课,甚至放假、外出也不切断电源。由于充电器长时间蓄热,热量又散不出去,就会发生火灾。

5. 大功率电器

电炉子、热得快、电热杯、电饭锅等大功率用电器在我们学生宿舍也是禁止使用的,但是个别同学不知是心疼自己的身体,还是为了节俭,经常在宿舍开小灶。这些电热器具功率高,电线超负荷运行,导致电线过热,绝缘皮熔化短路,很容易发生火灾。有的同学怕学宿办的老师检查,到处藏匿或忘记拔掉电源就更容易引起火灾。

6. 吸烟

很多人都难以想象一个小小的烟头跟火灾有什么必然的联系,其实很多时候它都是火灾的罪魁祸首。一支烟的长度为 6 厘米,吸一支烟的时间,根据其质量可燃烧 5～15 分钟。烟头的火源虽小,但表面温度为 200～300 摄氏度,其中心温度可达 700～800 摄氏度,而纸张、棉花、木材、涤纶、纤维等一般可燃物的燃点为 130～140 摄氏度,烟头扔到上面极易引起火灾。

7. 乱拉电线

一些宿舍随意走线,电线线路混乱,有搭在床铺上,有绕在桌子腿上,有靠近书籍的,电线长期被踩压,很容易短路起火。再有,就是从一个插座上接出好几个插板,特别是一些计算机入室的宿舍,电网密布由于接点不实,很容易打火,发生火灾。

8. 焚烧废纸

在学期期末,个别同学整理废弃物,特别是想要扔掉的一些信件,将它们放在垃圾桶、楼道内或厕所内焚烧,在一定条件下,死灰复燃引起火灾。

二、火灾发生时的逃生方法

1. 如果身上的衣物,由于静电的作用或吸烟不慎,引起火灾时,应迅速将衣服脱下或撕下,或就地滚翻将火压灭,但注意不要滚动太快。一定不要身穿着火衣服跑动。如果有水可迅速用水浇灭,但人体被火烧伤时,一定不能用水浇,以防感染。

2. 因火场烟气具有温度高、毒性大、氧气少、一氧化碳多的特点,人吸入后容易引起呼吸系统烫伤或神经中枢中毒,因此在疏散过程中,应采用湿毛巾或手帕捂住嘴和鼻(但毛巾与手帕不要超过六层厚)。注意:不要顺风疏散,应迅速逃到上风处躲避烟火的侵害。由于着火时,烟气太多聚集在上部空间,向上蔓延快、横向蔓延慢的特点,因此在逃生时,不要直立行

走,应弯腰或匍匐前进。但石油液化气或城市煤气火灾时,不应采用匍匐前进方式。

3. 将浸湿的棉大衣、棉被、门帘子、毛毯、麻袋等遮盖在身上,确定逃生路线后,以最快的速度直接冲出火场,到达安全地点,但注意,捂鼻护口,防止一氧化碳中毒。

4. 如果走廊或对门、隔壁的火势比较大,无法疏散,可退入一个房间内,可将门缝用毛巾、毛毯、棉被、褥子或其他物品封死,防止受热,可不断往上浇水进行冷却。防止外部火焰及烟气侵入,从而达到抑制火势蔓延速度、延长时间的目的。

5. 发生火灾时,实在无路可逃时,可利用卫生间进行避难。因为卫生间湿度大,温度低,可用水泼在门上、地上,进行降温,水也可从门缝处向门外喷射,达到降温或控制火势蔓延的目的。

6. 如果多层楼着火,因楼梯的烟气火势特别猛烈时,可利用房屋的阳台、水溜子、雨篷逃生,也可采用绳索、消防水带,也可用床单撕成条连接代替,但一端要紧拴在牢固采暖系统的管道或散热气片的钩子上(暖气片的钩子)及门窗或其他重物上,再顺着绳索滑下。

7. 如无条件采取上述自救办法,而时间又十分紧迫,烟火威胁严重,被迫跳楼时,低层楼可采用此方法逃生。但首先向地面上抛下一些厚棉被、沙发垫子,以增加缓冲,然后手扶窗台往下滑,以缩小跳楼高度,并保证双脚首先落地。

8. 当发生火灾时,可在窗口、阳台、房顶、屋顶或避难层处,向外大声呼叫,敲打金属物件、投掷细软物品,夜间可用打手电筒、打火机等物品的声响、光亮,发出求救信号。引起救援人员的注意,为逃生争得时间。

三、怎样报火警

1. 牢记火警电话119。在没有电话或没有消防队的地方,如农村和边远地区,可以打锣敲钟、吹哨、喊话,向四周报警,动员乡邻一起来灭火。

2. 报警时要讲清着火单位、所在区(县)、街道、胡同、门牌或乡村地区。

3. 说明什么东西着火,火势怎样。

4. 讲清报警人姓名、电话号码和住址。

5. 报警后要安排人到路口等候消防车,指引消防车去火场的道路。

6. 遇有火灾,不要围观。有的同学出于好奇,喜欢围观消防车,这既有碍于消防人员工作,也不利于同学们的安全。

7. 不能乱打火警电话。假报火警是扰乱公共秩序、妨碍公共安全的违法行为。如发现有人假报火警,要加以制止。

防范网络成瘾的安全知识

案例

2001 年4月,某省新邵县一名十三岁小学生从家里偷出300元钱在网吧玩电游连续4天4夜。由于网络游戏的强烈刺激和惊心动魄的打斗,游戏者血压升高,心跳过速,又加上过度疲劳,最后猝死网吧。

随着信息技术的迅猛发展,互联网已经逐渐成为学生生活中不可缺少的一部分。它不仅为学生的学习提供了有利地帮助,同时也丰富了他们的业余生活。正因为如此,许多学生把上网作为生活中必不可少的活动。但令人遗憾的是,许多学生上网的主要目的不是为了学习,而是为了游戏、聊天等。学生玩网络游戏已成为一种风气,有些人甚至为此放弃学业。这种过度沉迷网络游戏的行为,不仅影响了自身正常的学习、生活、人际交往,而且也给社会带来巨大危害。所以,学生网瘾现象已引起社会各界的高度关注,也是学校管理工作中亟待解决的问题。

由于网迷对游戏的痴迷,达到了可以不吃饭、不睡觉的癫疯地步。由于玩游戏时精力高度集中,伴随着血液加速、心跳加快,人的体力、精力消耗很大,严重影响着身体健康。青少年学生正是长身体的时候,如果不知饥渴、不分昼夜地上网玩游戏,难免对身体造成不可挽回的伤害。

一、学生网络成瘾的危害

据统计,我国学生占上网总人数的20%。那么,学生上网又都做什么呢?2000 年4月1日《北京青年报》在《中学生网上生活有滋有味》一文中的调查表明,中小学生上网60.7%的人数在玩游戏,34.1%的人找朋友聊天,20.1%的人关注影视文艺动态,27.9%的人关注体坛动态,27.5%的人看新闻,24.3%的发E-mail,18.6%的人选择软件,5.7%的关注卫生保健信息。可见,中小学生上网的主要目的是游戏、娱乐和交友。而且,由此引发了一系列的负面影响,不能不引起我们的思考。

1. 网瘾影响思想道德观念趋向:

大量的网络信息为上网中小学生的学习提供了丰富的资料,开拓了他们的眼界,大大丰富了他们的课余生活。但是这些信息都是没有加工筛选的原始信息,良莠不齐。在各种信息、观点自由表达的网络上,个人主义、利己主义和实用主义等西方价值观,拜金主义、享乐主义、追求奢侈等腐朽生活方式以及注重感官刺激的庸俗情趣,乘信息大潮汹涌而来。中小学生的思想道德观念还没有成熟,还没构成一个较完整的体系。大量地接受这类信息,势必影响中小学生的思想道德观念趋向,使他们逐渐认同西方民主和西方文化,并对自己民族的自尊心、自豪感产生动摇,进而动摇传统的道德规范和行为准则。另外,网络也是色情、暴力等文化垃圾生存和传播的土壤。据调查显示,上网中小学生当中,有近八成访问过色情网站。另据《华商时报》报道,我国涉嫌性犯罪的未成年人几乎全部观看过淫秽影碟或访问过色情网站,青少年的犯罪手段也大多来自网络。

2. 网瘾影响现实人际交往:

中小学生正处于青春发育时期,思维异常活跃,他们渴望获得与成年人同等的交流自由。网络正好给他们提供交友的天地。这种交友是以网络为中介,以文字为载体,以虚拟化的交流角色为主体的交友方式,具有间接、虚拟、平等、自由的特点。这种特点使得中小学生可以在网上宣泄自己内心真实的快乐、烦恼、孤独、痛苦。还可以根据自己的喜好扮演一个满意的角色,真实生活中的缺憾可以通过上网制造出的虚拟来弥补。而且网上交流是虚拟的平等交流,可以自由选择交流对象。正是中小学生内心渴望的一种交往方式,极具吸引力。中小学生的性格尚未定型,长期迷恋网上交友,会在一定程度上弱化他们与真实世界的交往能力,严重的还能导致心理疾病。一个重点中学的技术小能手,自从迷上网上聊天后,一天短则两小时,长则四五个小时,花费不菲还在其次,问题是竟像换了一个人,回到现实生活中就感到孤独,感到不再适应——不愿再与他人交往。心理学

161

家说:他是患了一种"自闭症",因为网络世界的"自由度"使他有种错觉,似乎可以不再关心现实生活的冷暖、得失。美国斯坦福大学心理学家研究协会的一份报告指出,在每周上网超过 *10* 小时的互联网用户中,有 *25%* 人表示他们与家人及朋友待在一起的时间少了。

3. 网瘾影响身心健康成长:

中小学时代正处于一个人身心成长的关键时期,养成良好的学习、生活习惯至关重要。迷恋网络世界,一方面挤占了课余体育锻炼和参与社会实践的时间,有的甚至挤占正常的学习时间,不利于养成健康的体魄和参与社会实践的能力,也不利于学习。另一方面,长时间的上网,也易导致眼睛疲劳和神经衰弱,造成视力下降,情绪不振等疾病,影响身体发育。另外,网络传播的形象化(图、文、音、像),强化了学生"看"的接受方式,而弱化了学生"想"的思维方式。经调查发现:常"泡"在网上的青少年,其写字作文、分析综合、评论欣赏的能力,要比接受传统学习的学生差一些。

二、预防网瘾的措施

1. 正确认知:必须明白网络对我们生活是利弊并存的,网络为我们查找信息、拓展视野、人际交往提供了便利,但不科学利用会造成给我们带来严重的影响。

2. 想象厌恶疗法:检索"上网成瘾"、"网迷"、"网虫"等,大量涌出的造成严重后果的案例,并浏览上述文章以后,想象网络成瘾对自己的危害。比如:学业荒废,同学交流没有了,和家庭关系紧张,甚至为了上网和游戏资金而铤而走险等。

3. 拟订计划:由于学生年龄小自我控制能力差,如果安排每天上网就很难按时下来,所以集中安排在周六、日为佳,时间可以稍长一点,但也不要超过 *2 - 3* 小时。

4. 加强交流:通过与家长、教师及同学之间的交流,可以了解自己的心态,让自己有话主动给家长、老师说,看似随意的闲谈,对自己如何上网,以及正确上网会有很大的帮助。

5. 减压:培养自己的抗挫能力,学会基本的减压方法:看书久了听听音乐,出去跑步,跑到空旷的地方放声大喊。

6. 自觉性与独立性的培养：自己解决自己的事情，参与家务劳动，自己做饭和洗衣服，在力所能及的条件下不求助他人。

7. 培养多方面的兴趣爱好。

学生上网，多半是由于无聊和对陌生事物的好奇。对此，学生可以试着培养自己广泛的兴趣爱好，寻找其他的减少压力的方法。比如，和同学聊天、听音乐、写作、参加社会实践活动等等，转移自己的注意力。

防范聊天交友的安全知识

案例

小红是北京某中学高二学生，家住西便门某小区。在该小区电梯女值班员的印象里，小红是个长得挺标致、爱好时尚的女孩。昨天下午，值班员和同住在一层楼的邻居回忆，小红平时有些内向，见面除了和人打个招呼外，不会主动和人聊天。

据接近现场的人士透露，1月29日，小红自称要参加同学的聚会，从位于蒲黄榆的奶奶家离开后未归。当晚9时许，她的母亲在家中接到一陌生男子的电话，说小红已经被他们劫持，必须拿30万元来赎。

小红的母亲随后报警求助。经调查，当晚根本没有同学聚会，小红平时喜欢上网聊天，她的两个网友进入了警方视线。不久，小红一网友、20岁的男子雷某被抓获。雷某供述，他和另一男子姜某与小红在网上认识，1月29日晚，他通过网上聊天，把小红约到家中，和姜某用事先准备好的铁丝将其绑上，两人轮奸了小红后，又用棉被将她捂死。

1月29日夜里，他们两人将小红的尸体扔到了大兴区西广德村菊源里8号楼东北侧废弃的工地内，这里距小红家至少有20公里。

于是，警方迅速抓获姜某并找到了小红的尸体。

记者在发现尸体的荒地看到，大约100多平方米的地上随处可见垃圾。附近的一名居民称,前晚他听到狗叫声后到现场观看,只见一名女尸躺在大坑内,大部分身子被塑料布盖住,后来警察下坑内将尸体抬出来运走了。

在网络这个虚拟世界里,一个现实的人可以以多种身份出现,也可以多种不同的面貌出现,善良与丑恶往往结伴而行。由于受到沟通方式的限制,人与人之间缺乏多方面、真切地交流,惟一交流的方式就是电子文字,而这些往往会掩盖了一个人原本应显现出来的素质,为一些居心叵测者提供了可乘之机。因此,学生在互联网上聊天交友时,必须把握慎重的原则,不要轻易相信他人。

1. 在聊天室或上网交友时,尽量使用虚拟的 E-mail,或 ICQ、OICQ 等方式,尽量避免使用真实的姓名,不轻易告诉对方自己的电话号码、住址等有关个人真实的信息。

2. 不轻易与网友见面。许多学生与网友沟通一段时间后,感情迅速升温,不但交换真实姓名、电话号码,而且还有一种强烈见面的欲望。

3. 与网友见面时,要有自己信任的同学或朋友陪伴,尽量不要一个人赴约。约会的地点尽量选择在公共场所,人员较多的地方,尽量选择在白天,不要选择偏僻、隐蔽的场所,否则一旦发生危险情况时,得不到他人的帮助。

4. 在聊天室聊天时,不要轻易点击来历不明的网址链接或来历不明的文件,往往这些链接或文件会携带聊天室炸弹、逻辑炸弹,或带有攻击性质的黑客软件,造成强行关闭聊天室、系统崩溃或被植入木马程式。

5. 警惕网络色情聊天,反动宣传。聊天室里汇聚了各类人群,其中不乏好色之徒,言语间充满挑逗,对不谙男女事故的大学生极具诱惑,或在聊天室散布色情网站的链接,换取高频点击率,对学生的身心造成伤害。也有一些组织或个人利用聊天室进行反动宣传、拉拢、腐蚀,这些都应引起学生的警惕。

6. 约会时保管好自己的随身物品,不要随便食用对方早已准备好的饮料或者零食。

7. 设好约会的底线,坚决不去对方家中和某些封闭的场合。约会一般定在白天或者热闹的场所。

防范浏览网页尴尬的安全知识

浏览网页是上网时做得最多的一件事。通过对各个网站的浏览,可以掌握大量的信息,丰富自己的知识、经验,但同时也会遇到一些尴尬的情况。

1. 在浏览网页时,尽量选择合法网站。互联网上的各种网站数以亿计,网页的内容五花八门,绝大部分内容是健康的,但许多非法网站为达到其自身的目的,不择手段,利用人们好奇、歪曲的心理,放置一些不健康、甚至是反动的内容。合法网站则在内容的安排和设置上大都是健康的、有益的。

2. 不要浏览色情网站。大多数的国家都把色情网站列为非法网站,在我国则更是扫黄打非的对象。浏览色情网站,会给自己的身心健康造成伤害,长此以往还会导致走向性犯罪的道路。

案例

2001 年 6 月,某大学一男同学王某,跟随一女同学进入卫生间,偷窥女生的隐私,被当场抓获。后经该学校保卫部门处理时,其交代自己长期以来在网上浏览色情图片,产生强烈的好奇心,一时冲动就做出了这种事情。

3. 浏览 BBS 等虚拟社区时,有些人喜欢在网上发表言论,有的人喜欢发表一些带有攻击性的言论,或者反动、迷信的内容。有的人是好奇,有的人是在网上打抱不平,这些容易造成自己 IP 地址泄露,受到他人的攻击,更主要的是稍不注意会触犯法律。

防范网络欺骗的安全知识

案例

曾有一个叫"万维"的网点向社会公众发售一种西班牙彩票,并保证人人都会中奖。后来,用户发觉自己上当后,赶紧向有关

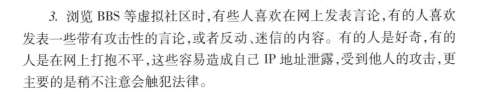

部门举报。有关机构通过调查发现,这个网点是由一家在爱尔兰的公司经营的,而存放这个网页的主机却在墨西哥,属于一家企业属下的子公司,绕来绕去,调查最终不了了之。据悉,这类"人人中大奖"的骗子游戏主要有两种行骗方式:一是骗邮资,"恭喜您中大奖",您可以获得电脑、摄像机、手机等贵重物品,不过领奖前,您可得先预交一笔数目不菲的邮资。可当你一旦交了这笔钱,对不起,您的奖品可就遥遥无期了;二是骗钱,通常当事人会被通知"中奖"了,接着需要你用信用卡支付一笔现金购买某个豪华度假村(价格与市场相比,当然不贵),但结果你实际拥有的可能只是这个豪华度假村的普通住宿权利。

在网络这个虚拟世界里,一些网站或个人为达到某种目的,往往会不择手段,套取网民的个人资料,甚至是银行账号、密码,达到个人目的。

1. 不要轻易相信互联网上中奖之类的信息,某些不法网站或个人利用一些人贪图小便宜的心理,常常通过向网民公布一些诸如 E – mail、ICQ、OECQ 号码中奖的方式,然后通过要求中奖人邮寄汇费、提供信誉卡号或个人资料等方式,套取个人钱物、资料等。

2. 不要轻易相信互联网上来历不明的测试个人情商、智商、交友之类的测试软件,这类软件大多要求提供个人真实的资料,往往这就是一个网络陷阱。

3. 不要轻易将自己的电话号码、手机号码在网上注册,一些网民在注册成功后,不但要缴纳高额的电话费,而且会受到一些来历不明的电话、信息的骚扰。

4. 不要轻易相信网上公布的快速致富的窍门,"天下没有免费的午餐",一旦相信这些信息,绝大部分都会赔钱,甚至血本无归。

防范网络犯罪的安全知识

网络在为人们带来巨大便利的同时,一些不法分子也看准了这一点,利用网络频频作案。近些年来,网上犯罪不断增长。一位精通网络的社会学家说:"互联网是一个自由且身份隐蔽的地方,网络犯罪的隐秘性非一般犯罪可比,而人类一旦冲破了某种束缚,其行为可能近乎疯狂,潜伏于人心深处的邪念头便会无拘无束地发泄。"

一些学生朋友学习一些计算机的知识后,急于寻找显示自己才华的场所,会在互联网上显一显身手,寻找一些网站的安全漏洞进行攻击,肆意浏览网站内部资料、删改网页内容,在有意无意之间触犯了法律,追悔莫及。也有的同学依仗自己技术水平高人一等,利用高科技的互联网络从事违法活动,最终走上一条不归路。

案例

一封发自湖北武汉的电子邮件震惊香港某公司。3亿港元——发件人向该公司开出勒索天价,并威胁:如不给将遭受更大损失。接到报警后,武汉警方迅速成立专案组。网警们先从电信部门入手,获取发信人的E-mail地址,然后走访网吧密集的地区,查找其网络公司。十几天后,侦查人员终于查明真相。经查,犯罪嫌疑人的手法非常巧妙。他先在武昌区八一路"同志网吧"注册邮箱,再通过位于同一条路上的"天际网吧"送出敲诈邮件。这两个网吧都坐落在大专院校周边,每天上网人数众多,网吧管理者又没按公安机关的要求逐人登记,想找到发信人如大海捞针。侦查人员对经常出入网吧者进行10天详细调查,终于获得线索:一个20多岁的男青年曾在网吧对别人宣扬,"现在是网络时代,通过网络敲诈外地富翁不成问题"。此人个子不高,每隔几天就会来此上网。侦查人员便不分昼夜,守候在两个网吧周围。当这个年轻人走进"天际网吧"时,被守候在此的网警当场抓获。面对网警,这名学生感叹道:"我怎么也没有想到,公安局还有网上破案的本事。"

1. 正确使用互联网技术,不要随意攻击各类网站,一则这样会触犯相关的法律,二则可能会引火上身,被他人反跟踪、恶意破坏、报复、得不偿失。

2. 不要存在侥幸心理,自以为技术手段如何高明。互联网技术博大精深,没有完全掌握全部技术的完人。作为一名大学生更要时刻保持谦虚的态度,不在互联网上炫耀自己或利用互联网实施犯罪活动。

防范网上交易的安全知识

随着信息技术的发展,电子商务进入人们的日常生活之中,人们对网络的依赖性正在逐渐增强,网络购物也成为一种时尚。但也有人在网上购买的刻录机,邮到的却是乌龙茶;网络上大卖的 MP3 随身听,结果却是一场空。因此在进行网上购物时应注意如下几方面的问题。

案例

某网民通过BBS上面张贴的广告,购买了一台价格比较便宜的笔记本电脑,用过一段时间后,经常出现死机现象,请专业人士检查后,发现内部配置全是伪劣的二手配件。

以上案例说明网上交易也和市场交易一样,极易出现欺诈行为。在网上交易时,切不可因贪小便宜而上当受骗,给自己造成财产损失。多掌握一些网上交易的安全问题有百利而无一害。

1. 选择合法的、信誉度较高的网站交易。网上购物时必须对该网站的信誉度、安全性、付款方式,特别是以信誉卡付费的保密性进行考查,防止个人账号、密码遗失或被盗,造成不必要的损失。

2. 一些虚拟社区、BBS里面的销售广告,只能作为一个参考,特别是进行二手货物交易时,更要谨慎,不可贪图小便宜。

3. 避免与未提供足以辨识和确认身份资料(缺少登记名称、负责人名称、地址、电话)之电子商店进行交易,若对该商店感到陌生,可通过电话或询问当地消费团体电子商店的信誉度等基本资料。

4. 若网上商店所提供的商品与市价相距甚远或明显不合理时,要小心求证,切勿贸然购买,谨防上当受骗。

5. 消费者进行网上交易时,应打印出交易内容与确认号码之订单,或将其存入电脑,妥善保存交易记录。

防范淫秽、色情诱惑的安全知识

案例

成都市高二学生然然十分关注这次打击网络淫秽色情专项行动。然然的父母远在广东,他寄住在成都市叔叔家。有一次他打开家里的电脑,偶然发现一个字眼很撩人的网站,打开来看里面全是不堪入目的图片和文字,令他面红耳赤,心跳加快……此后半年时间里,然然完全沉迷在一个由色情电影、图片和小说构成的网络世界,学习成绩一路下滑。

一、学生迷恋淫秽、色情物品的危害

学生若不知深浅涉足淫秽物品后,如陷入泥潭,不能自拔,整日精神萎靡,心神不定,想入非非,以致污染风气,毒害心灵,荒废学业,有的还坠入违法犯罪的深渊,彻底毁了自己。

二、涉黄犯罪的原因

1. 学生社会阅历浅,是非辨别能力弱。缺少社会实践,缺少锻炼。接触到"刺激"的淫秽物品,结果一发而不可收。

2. 学生处在身心发展的阶段,生理心理还没有成熟,有强烈的好奇心,想了解异性,发泄自己,排泄自己的不满是主要原因。黄色传媒、淫秽物品满足了人们个体内在的低级需要,使感官及肉体得到了高度膨胀,直至不能自我控制,其过程中不时体验着性意识的勃发,继而抑制不住生理躁动。

3. 学生缺乏应有的性教育,易失去理智而犯罪。

三、如何防范

1. 要提高思想认识,树立正确的人生观、价值观,提高抵御淫秽物品的

能力。

2. 学生对于淫秽物品，要坚决做到不看、不传、不制作和贩卖。做到读好书，结好友，参加有益的、健康向上的文娱活动。

3. 不要出现在色情较重的娱乐性场所，如网吧、酒吧、有暗间的美容美发厅等；一旦进入，正确辨别是非，发现苗头不对，要立即退出，远离是非之地。

四、依法打击

依法打击网络淫秽色情专项行动在各地中小学中引起强烈反响。同学们认为，日益猖獗的网络淫秽色情信息对青少年身心健康十分有害，希望能够彻底扫荡这些网上垃圾，为青少年创造一个绿色健康的网络环境。

防范毒品侵袭的安全知识

案例

16 岁的男孩小华虽然从小爱玩好动，但学习成绩还算不错。这个年纪的孩子，爱打游戏机的挺多，小华也不例外。一次，在游戏机房里，小华认识了一群"哥们"。他们掏出一种白色粉末，围坐在那里吸，一副"飘飘欲仙"的样子，一下子就引起了小华的好奇。当"哥们"怂恿他尝一口时，小华毫不犹豫地伸出了手。有了第一次，就有了第二次、第三次……后来，为了弄钱吸毒，小华开始学会说谎，学也没心思上了，甚至骗起低年级同学的钱。

这个小小年纪的"瘾君子"让我们在叹息之余，更为他对毒品的不设防而痛心。中国国家禁毒委员会最新公布的数据显示：截至 2002 年底，全国累计登记在册的吸毒人员已达到 100 万人，其中 35 岁以下的青少年约占 74.2%，16 岁以下的超过 1 万人，在校学生约 2000 人。

毒品是人类的大敌、世界的公害，染上它，小则家破人亡，大则祸国殃民。

一、学生吸毒的危害

1. 吸食毒品会严重危害人体健康。吸食毒品形成瘾癖后会产生强烈的病态反应,如:烦躁不安、失眠、疲乏、精神不振、腹痛、腹泻、呕吐、性欲减退或丧失。人体内的毒品达到一定剂量后会刺激脊髓,造成惊厥,乃至神经系统抑制,引起呼吸衰竭而死亡。静脉注射毒品又是传染肝炎、肺炎、性病及艾滋病等多种传染病传染的重要途径。

2. 摧残意志和精神,荒废学业。吸食毒品使人逐渐懒惰无力,意志衰退,智力和主动性降低,记忆力减退,致使学业荒废。

3. 吸毒是诱发犯罪的重要原因:

(1)毒品不仅危害人的身体,摧残意志,而且还能使人丧失理智和人格。

(2)吸毒耗资巨大,诱发吸毒者为解决毒资链而走险,走上了盗窃、抢劫、诈骗、杀人、贪污、受贿、卖淫等犯罪道路。

(3)有些吸毒者以贩养吸、从害己转为既害己又害人。

二、如何抵制毒品的诱惑

1. 培养健全人格,发展广泛兴趣。

吸毒是一种违反和偏离社会规范的行为,在它产生之前,吸毒者必定经历了一个心理危机的过程。

所以青少年朋友要增强自身的心理耐受性和适应性,正确认识和处理来自社会、家庭、学校等各方面的烦恼和困难,从而能够从容地面对现实生活。青少年朋友还要注意培养自己独立生活的能力,独立克服各种困难的能力。一个人自我认识的能力越强,就越是能够对自我作出正确的评价,自我行为调节能力就越强,心理特征就比较稳定。青少年要不断加强自身修养,树立正确的人生观,培养积极向上的生活信念,增强辨别是非和抵制毒品的能力,多参加一些有益身心健康的社会活动。

2. 克制盲目的好奇心理和侥幸心理。

青少年要增强自制力,决不能做自己欲念的仆人,决不要因为好奇而以身试毒!

青少年有强烈的好奇心,但是,千万不要放任这种好奇的欲念。在毒品问题上,你所面临的是生与死的抉择,你将会由尝试而坠入黑暗的深渊,最终被毒品夺去年轻的生命。一日吸毒,永远想毒,终身戒毒。众多吸毒的青少年正是轻信了同学或朋友"毒品并不可怕,吸一次两次不会上瘾"的话而坠入苦海的。如果你面对着毒品的诱惑,你的面前就是万丈深渊,千万不能多迈一步,只有一个选择,就是立即回头,远远地躲开!

记住:毒品猛于虎,决不尝试第一次!

3. 慎重交友,远离烟酒。

(1)慎重交友。随着年龄的增长,青少年的独立意识不断增强,家庭的影响相对减弱,而朋友之间的相互影响力日益加强。结交好朋友,会相互促进,使人积极向上;相反,则可能使一个人从此堕落。一部分年轻人吸毒因为幼稚无知,被坏人利用或引诱,而误入歧途。因此要慎重交友,增强辨别是非的能力。记住,如果有人拿着毒品请你免费品尝,他一定是别有用心的坏人。

(2)远离烟酒。烟酒是吸毒的入门药,我国几乎百分之百的海洛因吸毒者在尝试毒品之前,均已形成吸烟或饮酒的嗜好。有些海洛因依赖者最初就是因为误吸了他人提供的掺有海洛因的香烟而开始吸毒成瘾的。一般说来,从不尝试烟酒的人,其吸毒的可能性比吸烟或者饮酒者要小得多。

防范赌博的安全知识

案例

据家住万宁东澳镇的王女士介绍,2008 年 8 月,她读初一的儿子(13 岁)被人引诱去万宁市一家酒店参赌,结果欠下 9 万元的高利贷。逼债人在多次追债未果的情况下,把他的儿子绑架了。为此,她向万宁东澳派出所报警求助。民警赶到现场了解情况后,要求绑架者赶紧把她儿子放回来。

王女士的儿子被放回家后，绑架她儿子的债主还是继续上门逼债，继续威胁王女士一家，全家的生活受到相当大的威胁。

在这种情况下，王女士的儿子被迫辍学，与家人一道离开东澳居住地，举家到外面躲债一年多，直至记者今年8月份到现场采访，才与记者一道去东澳派出所报案。

王女士称，在东澳镇像她家一样，上学孩子被人骗去赌博、欠下巨额高利贷的家庭至少有10多家。这些孩子及其家人遭人逼债后，家人几乎都报过警求助。然而，警察到现场后仍不能根本解决孩子被骗赌博欠下巨额高利贷的问题。

赌博是一种丑恶的社会现象，是利用赌具，以钱财作赌注，以占有他人利益和赢利为目的的违纪违法犯罪行为。学生寝室内聚众赌博时有发生，尤其是学生寝室，作为学生的第二个家，对营造健康良好的生活习惯具有非常重要的意义。所以，我们要加强学生寝室文化建设，让校园宿舍干净自然起来。

赌博是一种丧失理性，对人生缺乏信心，甚至是玩世不恭的一种表现。一个人对生活、学习和前途缺少足够的认识，生活中缺少积极向上的动力和信心，游手好闲、无所事事，一旦迷恋赌博便难以自拔，无端地耗费了大好的学习时光，荒废学业，往往是赢了之后还想再赢，输了之后还想再捞，愈陷愈深，即便是万贯家财，最终也难逃一空。学生在经济上并不独立，更缺少足够的经济支持作为赌资，甚至于有些同学输钱之后，连生活费都无法解决，现实的窘迫和无奈会令他们铤而走险，会走上犯罪的道路。为筹集赌资，不惜偷盗、抢夺，以身试法，走上一条不归路。

一、学生参与赌博的原因

我们通过访问学校老师、家长以及在同学中调查等方式对学生参与赌博的原因作以下归纳：

1. 社会上赌博风气的盛行，是影响我们学生参加赌博活动的重要原因。半夜三更，大人们碰在一起，往往一开口就是"昨晚又输了"、"走，搓麻将去"，可见，赌博是学生成长环境中常见的活动。由于大人们认为一般的小赌是合法的、正当的"游戏",比如打麻将赌钱等。有的学生也就振振有词地说:"大人们可以玩,为什么我们不能玩?"对此家长和老师的解释很难让我们学生明白。

2. 家庭不良因素的影响。家庭是我们学生生活、成长的重要场所,是我们最早接触的"小社会",父母的"言"和"行"对我们的健康成长有着至关重要的作用。在今天,赌博活动似乎成了一种"社会时尚",更是许多家庭的"首选活动",许多成年人,特别是做父母的进行赌博,带了坏头。有的学生自小在家中看父母跟人玩麻将,久而久之,他的好奇心产生了:"大人这么好玩,我也来试一试!"从不懂到会,不少小学生打麻将,就是在父母的"言传身教"下教会的。

3. 从我们学生自身的心理特点来说,由于学生还缺乏正确的识别能力,不能正确地分析社会上的赌博之风,容易把坏的当作好的。同时,玩麻将、扑克和骰子的行为方式有新奇性,正好满足我们小学生的好奇心和寻求刺激的心理,不少同学就是在这样的心理作用下学会了赌博。

二、学生赌博的危害

1. 经常赌博会荒废学业,违反校规校纪。赌博很容易上瘾,既花费精力又浪费时间,因而不可能遵守学校正常的作息时间,不可避免地要违反校纪。有的因长期熬夜,精神萎靡不振,就难免迟到、早退、旷课,即使勉强进了课堂,注意力不可能集中,有的干脆白天在寝室蒙头号大睡,晚上继续"挑灯夜战"。将功课放置一旁,学习成绩下降,甚至于因多门课程不及格而被迫退学。

2. 破坏同学关系,影响正常秩序。赌博是群体的违法犯罪活动,直接牵涉人际关系。一旦参与赌博,赢了的不会满足,输了的总想"返本"(把输的捞回来)。这样,长此以往无休止地继续下去,势必会影响同学关系,同学之间的互助、友爱之情往往会被利害关系所替代。同时,赌博活动不可避免地影响周围环境,绝大多数不愿意参与赌博的同学有碍情面又不便或不敢出面直接制止,想学习、想休息、想从事其他娱乐活动者往往忍气吞声。时间一长,不满意、不信任的气氛必然产生。

3. 容易走上违法犯罪的道路。根据有关部门统计资料表明,学生中因参与赌博被学校给予开除学籍、留校察看之事时有发生,而因赌博走上了违法犯罪的现象屡见不鲜。

三、预防措施

学生欲抵制和拒绝参与赌博,必须做到以下五点:

1. 要自觉遵守校规校纪,养成良好的遵纪守法意识,违法往往从违纪开始。

2. 充分认识赌博的危害,自觉培养高尚的情操,积极参加健康有益的文体活动,充实自己的业余文化生活。

3. 要防微杜渐,分清娱乐和赌博的界限。很多赌博成瘾的人都是从"赢饭"、"水果"、"派夜宵"、"来烟"、"带点刺激"、"不能空手玩"等开始的,久而久之,胆子壮了,胃口也大了,从而陷入赌博的泥潭。

4. 思想上要警惕,不要因为顾及朋友、同学的情面而参与赌博,遇到他人相邀,要设法推脱决不参与。

5. 要从根本上关心和爱护同学出发,及时制止他人参与赌博,必要时要向老师和学校有关部门报告。

防范传染病的安全知识

一、一般传染病

1. 流感(流行性感冒):简称流感,由流感病毒引起的急性呼吸道传染病,具有很强的传染力,潜伏期 *1~3* 日。主要症状为发热、头痛、流涕、咽痛、干咳、全身肌肉、关节酸痛不适等,发热一般持续 *3~4* 天,也有表现为较重的肺炎或胃肠型流感。传染源主要是病人和隐性感染者,人群对流感普遍易感。

2. 麻疹:由麻疹病毒引起的急性传染病,潜伏期 *8~12* 日,一般 *10* 天左右可治愈。出疹前 *3* 天出现 *38* 度左右的中等度发热,伴有咳嗽、流涕、流泪、恨光,口腔颊粘膜出现灰白色小点(这是特点);出疹期三天:病程第 *4~5* 天

175

体温升高达40度左右,红色斑丘疹从头而始渐及躯干、上肢、下肢;恢复期三天:出疹3~4天后,体温逐渐恢复正常,皮疹开始消退,皮肤留有糠麸状脱屑及棕色色素沉着,病人是唯一的传染源,成人感染症状加重。

3. 水痘:由水痘－带状疱疹病毒引起的。以10岁以内的小儿多发,但任何年龄均可传染,临床上往往丘疹、水疱疹、结痂同时存在,呈向心性分布,即先躯干、继头面、四肢,而手足较少,瘙痒。接受正规治疗后,如果没有并发感染,一般7－10可治愈,传染源主要是病人,人群普遍易感,由于本病传染性强,患者必须早期隔离,直到全部皮疹干燥结痂为止。

4. 流行性腮腺炎:由腮腺炎病毒引起的急性、全身性感染的传染病,一般2周左右可治愈。典型的临床症状是发热、耳下腮部、颌下慢肿疼痛、腮腺肿大的特点是以耳垂为中心向前、后、下方蔓延,可并发脑膜脑炎、急性胰腺炎等,传染源是腮腺炎病人或隐性感染者。

5. 风疹:风疹是一种风疹病毒引起的急性呼吸道传染病,春季是风疹的高发季节。开始一般仅有低热及很轻的感冒症状。多在发病后1到2天出现皮疹,出疹迅速由面部开始发展到全身只需要1天时间,发热即出疹,热退疹也退,这些是风疹的特点。枕后、耳后、颈部淋巴结肿大,也是本病常见的体征。儿童及成人都可能得此病,日常的密切接触也可传染。

6. 猩红热:由A组链球菌引起的急性呼吸道传染病。早期咽部充血、扁桃体红肿,表现为发热、咽痛、头痛、恶心、呕吐等症状。一般发热24小时内出现皮疹,开始于耳后、颈部、上胸部、一日内蔓延至全身。皮疹呈鲜红色,针头大小,若用手指按压时,可使红晕暂时消退,受压处皮肤苍白,经十余秒钟后,皮肤又恢复呈猩红色,面部充血潮红,猩红热的传染源为病人和带菌者,人群普遍易感,儿童少年多发。

7. 甲型病毒肝炎:由甲肝病毒引起,属于消化道传播的传染病,潜伏期短,一般2~6周,急性起病。多有发热、黄疸、食欲减退、恶心、呕吐、肝区疼的症状。不典型病例则刚发病时的症状与上感相近,应注意观察。及时隔离、及早治疗,能完全治愈。

在预防这些传染病时,一般要注意以下几点:

1. 培养良好的个人健康生活习惯。打喷嚏、咳嗽和清洁鼻子后要洗手;洗手后,用清洁的毛巾和纸巾擦干;不要与他人共用毛巾;注意均衡饮食;根据气候变化增减衣服;定期运动、充足休息。

2. 确保室内空气流通。经常打开所有窗户,使空气流通;保持空调设备的良好性能,并经常清洗隔尘网;在传染病流行的季节,尽量避免前往空气流通不畅、人口密集的公共场所。

3. 出现症状要及时就医。

学校是人员较为密集的地方,同学们要注意个人卫生,勤洗手,个人物品应个人使用。

另外,同学们不要在网吧长时间停留,因为网吧一般人员较多且通风效果较差,同时电脑键盘也是传播病毒的重要物件。

二、非典等特殊传染病

特殊传染病爆发力极强,传播速度迅速,对人的健康威胁非常大。这里以非典型性肺炎和禽流感为例,说一说对于特殊传染病预防的措施。

1. 非典型性肺炎(非典)

国际上认定,"非典"应准确称为SARS,是指主要通过近距离空气飞沫和密切接触传播的呼吸道传染病。临床主要表现为肺炎,在家庭和医院有显著的聚集现象。

预防"非典"主要应该注意以下几点:

(1)注意均衡饮食、适量运动、充足休息、稳定情绪和避免吸烟,根据气候变化增减衣服,增强身体的抵抗力。

(2)保持办公室和居所的空气畅通,经常打开窗户,使空气流通。勤打扫环境卫生,勤晒衣服和被褥等。

(3)经常进行户外活动,呼吸新鲜空气,增强体质。

(4)结合自身情况,可适当服用一些抗病毒和预防流行性感冒类药物。

(5)尽量不到医院探视高烧不退的病人或肺炎病人,如果一定要探视时必须戴医用口罩,出现症状要及时就医。

(6)避免前往空气流通不畅、人口密集的公共场所。由于呼吸道疾病都可以通过空气传播,咳嗽、随地吐痰都能传染病菌,因此人群密集的地方往往是致病的"高危地带"。

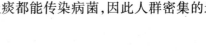

177

2. 禽流感

禽流感是由禽流感病毒引起的一种人、禽共患的急性传染病,主要发生在鸡、鸭、鹅、鸽子等禽类身上。在禽类中传播快、病死率高。

一旦所在地区发生禽流感疫情,人们应尽量避免接触、触摸活的鸡、鸭、鹅等家禽和鸟类;保持室内空气流通,如有空调设备,应经常清洗隔尘网;保持室内清洁,避免使用难以清理的地毯。注意个人卫生,用正确的方法洗手;打喷嚏或咳嗽时掩住口鼻。此外,加强体育锻炼、多摄入一些富含维生素 C 等有助于增强免疫力的食物和避免过度劳累,也有一定的预防作用。

穿用羽绒制品不会感染禽流感。这是因为羽绒制品通常经过消毒、高温等多个物理、化学环节处理,病毒存活的可能性微乎其微。

三、中小学生预防传染病的措施

1. 一般措施

传染病流行的时候,切断三个基本环节中的任何一个环节,传染病的流行即可终止。

(1)控制传染源:不少传染病在开始发病以前就已经具有传染性,当发病初期表现出传染症状的时候,传染性最强。因此,对传染病人要尽可能做到早发现、早诊断、早报告、早治疗、早隔离、防止传染病蔓延。患传染病的动物也是传染源,也要及时处理。这是预防传染病的一项重要措施。

(2)切断传播途径:切断传播途径的方法,主要是讲究个人卫生和环境卫生。消灭传播疾病的媒介生物,进行一些必要的消毒工作等等,可使病原体丧失感染健康人的机会。

(3)保护易感者:在传染病流行期间应该注意保护易感者,不要让易感者与传染源接触,并且进行预防接种,提高易感人群的抵抗力。开展爱国卫生运动,消灭苍蝇、蚊子、老鼠、臭虫等传播疾病或病的动物,对于控制传染病的流行能起很大作用。

2. 具体措施

(1)合理膳食,增加营养,要多饮水,摄入足够的维生素,宜多食些富含优质蛋白、糖类及微量元素的食物,如瘦肉、禽蛋、大枣、蜂蜜和新鲜蔬菜、

178

水果等。

（2）积极参加体育锻炼，多到郊外、户外呼吸新鲜空气，每天散步、慢跑、做操、打拳等，使身体气血畅通，筋骨舒展，增强体质。

（3）不到人口密集、人员混杂、空气污染的场所休闲。

（4）常用流动水洗手，不用污浊的毛巾擦手。

（5）每天开窗通风，保持室内空气新鲜，尤其是宿舍、电脑室、教室等。

（6）合理安排好休息，做到生活有规律；注意不要过度疲劳，防止感冒，以免抗病力下降。

（7）不食、不加工不清洁食物，拒绝生吃各种海产品和肉食，不吃带皮水果，不喝生水。

（8）不随便倒垃圾，不随便堆放垃圾；不随便吐痰、打喷嚏。

（9）出现发热或其他不适症状及时就医；到医院就诊最好戴口罩，回宿舍后洗手，避免交叉感染。

传染病虽然种类繁多，但只要我们重视预防工作，就可以有效地阻断传染病的流行与传播。

防范烫伤的安全知识

烫伤是生活中常常遇到的事故。在家庭生活中，最常见的是被热水、热油等烫伤。如何防止烫伤呢？

（1）从炉火上移动开水壶、热油锅时，应该戴上手套用布衬垫，防止直接烫伤；端下的开水壶、热油锅要放在人不易碰到的地方。

（2）家长在炒菜、煎炸食品时，不要在周围玩耍、打扰，以防被溅出的热油烫伤；年龄较大的同学在学习做菜时，注意力要集中，不要把水滴到热油中，否则热油遇水会飞溅起来，把人烫伤。

（3）油是易燃的，在高温下会燃烧，做菜时要防止油温过高而起火。万一锅中的油起火，千万不要惊慌失措，应该尽快用锅盖盖在锅上，并且将油锅迅速从炉火上移开或者熄灭炉火。

（4）家里的电熨斗、电暖器等发热的器具会使人烫伤，在使用中应当特别小心，尤其不要随便去触摸。

烫伤了怎么办？生活中发生烫伤，可以采取以下几种措施：

（1）对只有轻微红肿的轻度烫伤，可以用冷水反复冲洗，再涂些清凉油就行了。

(2)烫伤部位已经起小水泡的,不要弄破它,可以在水泡周围涂擦酒精,用干净的纱布包扎。

(3)烫伤比较严重的,应当及时送医院进行诊治。

(4)烫伤面积较大的,应尽快脱去衣裤、鞋袜,但不能强行撕脱,必要时应将衣物剪开;烫伤后,要特别注意烫伤部位的清洁,不能随意涂擦外用药品或代用品,防止受到感染,给医院的治疗增加困难。正确的方法是脱去患者的衣物后,用洁净的毛巾或床单进行包裹。

防范中暑的安全知识

案例

某日下午,定州育龙双语小学个别学生出现发热、呕吐等症状,到该校医务室诊治,校医按中暑进行治疗。后因类似症状的学生逐渐增多,学校陆续送学生到定州人民医院就诊。该校带班领导马主任表示,事件原因初步认定为"高温中暑"。

中暑是高温影响下的体温调节功能紊乱,常因烈日暴晒或在高温环境下重体力劳动所致。

重度中暑还可继续分为:

(1)中暑高热,即体内大量热蓄积。中暑者可出现嗜睡、昏迷、面色潮红、皮肤干热、无汗、呼吸急促、心率增快、血压下降、高热,体温可超过40度。

(2)中暑衰竭,即体内没有大量积热。中暑者可出现面色苍白、皮肤湿冷、脉搏细弱、呼吸浅而快、晕厥、昏迷、血压下降等。

(3)中暑痉挛:即与高温无直接关系,而发生在剧烈劳动与运动后,由于大量出汗后只饮水而未补充盐分,导致血钠、氯化物降低,血钾亦可降低,而引起阵发性疼痛性肌肉痉挛(俗称抽筋),口渴,尿少,但体温正常。

一、中暑的对策

1. 中暑以后怎么办?

发现自己和其他人有先兆中暑和轻症中暑表现时,首先要做的是迅速撤离引起中暑的高温环境,选择阴凉通风的地方休息;并多饮用一些含盐分的清凉饮料。还可以在额部涂抹清凉油、风油精等,或服用人丹、十滴水、藿香正气水等中药。如果出现血压降低、虚脱时应立即平卧,及时上医院静脉滴注盐水。

对于重症中暑者除了立即把中暑者从高温环境中转移至阴凉通风处外,还应该迅速将其送至医院,同时采取综合措施进行救治。若远离医院,应将病人脱离高温环境,用湿床单或湿衣服包裹病人并给强力风扇,以增加蒸发散热。在等待转运期间,可将病人浸泡于湖泊或河流,或甚至用雪或冰冷却,也是一种好办法。若病人出现发抖,应减缓冷却过程,因为发抖可增加体温(警告:应每 *10* 分钟测 *1* 次体温,不允许体温降至 *38.3*℃,以免继续降温而导致低体温)。在医院里,应连续监测核心体温以保证其稳定性。避免使用兴奋剂和镇静剂,包括吗啡;若抽搐不能控制,可静脉注射地西泮和巴比妥盐,应经常测定电解质以指导静脉补液。严重中暑后,最好卧床休息数日,数周内体温仍可有波动。

2. 出行躲避烈日

夏日出门记得要备好防晒用具,最好不要在 *10* 点至 *16* 点时在烈日下行走,因为这个时间段的阳光最强烈,发生中暑的可能性是平时的 *10* 倍!如果此时必须外出,一定要做好防护工作,如打遮阳伞、戴遮阳帽、戴太阳镜,有条件的最好涂抹防晒霜;准备充足的水和饮料。此外,在炎热的夏季,防暑降温药品,如十滴水、龙虎人丹、风油精等一定要备在身边,以防应急之用。外出时的衣服尽量选用棉、麻、丝类的织物,应少穿化纤品类服装,以免大量出汗时不能及时散热,引起中暑。

二、如何预防中暑

1. 别等口渴了才喝水

不要等口渴了才喝水,因为口渴已表示身体已经缺水了。最理想的是根据气温的高低,每天喝1.5至2升水。出汗较多时可适当补充一些盐水,弥补人体因出汗而失去的盐分。另外,夏季人体容易缺钾,使人感到倦怠疲乏,含钾茶水是极好的消暑饮品。

2. 饮食注意补营养

夏天食的蔬菜,如生菜、黄瓜、西红柿等的含水量较高;新鲜水果,如桃子、杏、西瓜、甜瓜等水分含量为80%至90%,都可以用来补充水分。另外,乳制品既能补水,又能满足身体的营养之需。其次,不能避免在高温环境中工作的人,应适当补充含有钾、镁等元素的饮料。

3. 保持充足睡眠

夏天日长夜短,气温高,人体新陈代谢旺盛,消耗也大,容易感到疲劳。充足的睡眠,可使大脑和身体各系统都得到放松,既利于工作和学习,也是预防中暑的措施。最佳就寝时间是22时至23时,最佳起床时间是5时30分至6时30分。睡眠时注意不要躺在空调的出风口和电风扇下,以免患上空调病和热伤风。

4. 谨防情绪中暑

相关数据表明,在正常人群中,约有16%的人在夏天会发生"情绪中暑"。

夏天持续的高温天气,使人变得心烦气躁、情绪低落、食欲不振、思维紊乱、行为异常等。"情绪中暑"的表现有:特别粗心,如打翻热水瓶等引起烫伤意外;上班提不起精神,容易激动或情绪低落,不能静心思考;肝火也随着气温往上蹿,常因一件微不足道的小事酿成祸端……

医师提醒,"情绪中暑"可能衍生灼伤、心律失常、血压升高等意外。因此,在炎炎夏天,市民除了要做好防高温中暑的准备,还要注意调节心理和保持良好的精神状态。日常生活应劳逸结合,清淡饮食,多饮水以调节体温,多吃清火的瓜果蔬菜等,给心情也降降温。

防范食物中毒的安全知识

案例

  2003 年 9 月 17 日某市某国际学校,学生统一在学校食堂进餐。晚餐菜谱为青椒茭白肚丝、芋头炒肉片、炒白菜和香菇木耳茭白汤,其中肚丝为中午剩余且未冷藏的熟食。9 月 18 日凌晨 1 时许出现首例病人,8 至 10 点陆续有学生发病,主要症状为腹痛、腹泻、呕吐,少数伴轻度发热,于是有 72 名学生送医院观察并当日出院,3 例较重学生,5 天后痊愈。事故发生后,有关部门采集 17 日晚餐供应的半成品芋头及肉炒茭白、加工使用的抹布,均检验出副溶血性弧菌。该校食堂自起用至案发一直未领取食品卫生许可证,厨房工作人员均无健康证。

针对校园食物中毒事件,在日常工作中应该实施以下措施:

一、饮食卫生安全注意事项

在日常生活中,人们常有一些不卫生的饮食习惯和行为,很多人对此尚未重视起来,这对身体健康十分不利。同学们要注意以下饮食卫生安全事项:

1. 养成吃东西前洗手的习惯。人的双手每天干这干那,接触各种各样的东西,会沾染病菌、病毒和寄生虫卵。吃东西前认真用肥皂洗净双手,才能减少"病从口入"的可能。

2. 生吃瓜果要洗净。瓜果蔬菜在生长过程中不仅会沾染病菌、病毒、寄生虫卵,还有残留的农药、杀虫剂等,如果不清洗干净,不仅可能染上疾病,还可能造成农药中毒。

3. 不随便吃野菜、野果。野菜、野果的种类很多,其中有的含有对人体有害的毒素,缺乏经验的人很难辨别清楚,只有不随便吃野菜、野果,才能避免中毒,确保安全。

4. 不吃腐烂变质的食物。食物腐烂变质,就会味道变酸、变苦,散发出异味,这是因为细菌大量繁殖引起的,吃了这些食物会造成食物中毒。

5. 不随意购买、食用街头小摊贩出售的劣质食品、饮料以及三无(无产地、无生产日期、无保质期)食品、饮料。这些劣质食品、饮料往往卫生质量不合格,食用、饮用会危害健康。

6. 不喝生水。水是否干净,仅凭肉眼很难分清,清澈透明的水也可能含有病菌、病毒,喝开水最安全。

7. 不要到卫生条件较差的地方进餐。

8. 不食用病死的禽畜肉。

9. 不吃陌生人递送的食物及饮品。

10. 在吃、饮之前,要对饮食品进行一闻二看三品,如有异常,应立即停止饮食。

二、食物中毒急救常识

一般的细菌性食物中毒多在食后6~24小时内发病,突然出现恶心、呕吐、腹痛、腹泻症状。同食者几乎在同一时间发病,表现出类似的症状,严重者可造成脱水。食物中毒的急救常识如下:

1. 如果能喝水,多喝含盐饮料,但要适量。

2. 饮食要清淡,注意休息。

3. 严重者要去医院救治。

三、食物中毒的自救方法

1. 想吐的话,就吐出,出现脱水症状时要到医院就医。用塑料袋留好呕吐物或大便,带着去医院检查,有助于诊断。

2. 不要轻易地服用止泻药,以免贻误病情。让体内毒素排出之后再向医生咨询。

3. 催吐:进餐后如出现呕吐、腹泻等食物中毒症状时,可用筷子或手指刺激咽部帮助催吐,排出毒物。也可取食盐20克,加开水200毫升溶化,冷却后一次喝下,如果不吐,可多喝几次。还可将鲜生姜100克捣碎取汁,用200毫升温水冲服。如果吃下去的是变质的荤食品,则可服用十滴水来促使迅速呕吐。但因食物中毒导致昏迷的时候,不宜进行人为催吐,否则容易引起窒息。

4. 导泻：如果进餐的时间较长，已超过2~3小时，而且精神较好，则可服用适量泻药，促使中毒食物和毒素尽快排出体外。

5. 解毒：如果是吃了变质的鱼、虾、蟹等引起食物中毒，可取食醋100毫升，加水200毫升，稀释后一次性服下。此外，还可采用紫苏30克、生甘草10克一次煎服。若是误食了变质的饮料或防腐剂，最好是用鲜牛奶或其他含蛋白的饮料灌服。

6. 卧床休息，饮食要清淡，先食用容易消化的流质或半流质食物，如牛奶、豆浆、米汤、藕粉、糖水煮鸡蛋、蒸鸡蛋羹、馄饨、米粥、面条，避免有刺激性的食物，如咖啡、浓茶等含有咖啡因的食物以及各种辛辣调味品，如葱、姜、蒜、辣椒、胡椒粉、咖喱、芥末等，多饮盐糖水。吐泻腹痛剧烈者暂禁食。

7. 出现抽搐、痉挛症状时，马上将病人移至周围没有危险物品的地方，并取来筷子，用手帕缠好塞入病人口中，以防止咬破舌头。

8. 如症状无缓解的迹象，甚至出现失水明显，四肢寒冷，腹痛腹泻加重，极度衰竭，面色苍白，大汗，意识模糊，说胡话或抽搐，以至休克，应立即送医院救治，否则会有生命危险。

四、出现呕吐时该怎么办

当出现呕吐时，特别是有呕吐、腹泻、舌苔和肢体麻木、运动障碍等食物中毒的典型症状时，要注意：

1. 为防止呕吐物堵塞气道而引起窒息，应侧卧，便于吐出。

2. 呕吐时，不要喝水或吃食物，但在呕吐停止后应尽早补充水分，以避免脱水。

3. 留取呕吐物和大便样本，给医生检查。

4. 如果腹痛剧烈，可采取仰睡的姿势，并将双膝弯曲，这样有助于腹肌紧张，缓解腹痛。

5. 将腹部盖上保暖。

6. 当出现脸色发青、冒冷汗、脉搏虚弱时，要马上送医院，谨防休克症状。一般来说，进食短时间内即出现症状，往往是重症中毒。小孩敏感性高，要尽快治疗。食物中毒引起中毒性休克，会危及生命。

五、各类食物中毒后的解决办法

1. 扁豆中毒：中毒轻者经过休息可自行恢复，用甘草、绿豆适量煎汤当茶饮，有一定的解毒作用。

2. 蘑菇中毒：一旦误食中毒，要立即催吐、洗胃、导泻。对中毒不久而无明显呕吐者，可先用手指、筷子等刺激其舌根部催吐，然后用 *1∶2000* 至 *5000* 高锰酸钾溶液或浓茶水、*0.5%* 活性炭混悬液等反复洗胃。让中毒者大量饮用温开水或稀盐水，以减少毒素的吸收。

3. 细菌性中毒：中毒催吐后如胃内容物已呕完仍恶心呕吐不止，可用生姜汁 *1* 匙加糖冲服，以止呕吐。生大蒜 *4* 至 *5* 瓣，每天生吃 *2* 至 *3* 次。几天内尽量少吃油腻食物。

4. 亚硝酸盐中毒：应立即抢救，迅速灌肠、洗胃、导泻，让中毒者大量饮水。切记患者一定要卧床休息，注意保暖。应将患者置于空气新鲜、通风良好的环境中。

5. 服安眠药过量：服药早期，可先喝几口淡盐水，然后用催吐；若服药已超过 *6* 小时，应口服导泻药，促使药物排出；有条件的可给予吸氧，还可刺激其人中、涌泉、合谷、百合等穴。

防范煤气中毒的安全知识

案例

定边县堆子梁镇中学 *2008* 年 *12* 月 *1* 日晚因用炭炉取暖发生 *12* 名女学生一氧化碳中毒事故。*11* 名学生抢救无效死亡，另一名女生蔡毛毛经抢救后情况还不太稳定。

堆子梁镇中学是初中和小学合在一起的九年制学校，发生一氧化碳中毒的 *12* 名学生均为四年级学生，同住一个宿舍。昨日早晨 *7* 点多，学校发现学生中毒后，定边县委、县政府立即组织医护人员赶往学校。*8* 时左右，将中毒学生就近转移到安边镇中心卫生院抢救，其中一名生命体征明显的学生蔡毛毛转移到定边县医院抢救。

12 月 2 日中午,11 名学生抢救无效死亡,转入定边县医院的蔡毛毛虽然状况逐渐好转,但情况仍十分不稳定,尚未恢复神志。

记者下午赶到定边县医院时,蔡毛毛插着呼吸机,躺在住院部 7 楼的 ICU 病房内。据医生介绍,在抢救蔡毛毛的过程中她的心脏停跳了 4 次。县医院的孙主任说,三四天后,才能确认她是否度过危险期。

据医生了解,幸存的女孩是因为在睡到半夜时,觉得不舒服,起床到外面透了一会儿气,所以中毒比较浅。

冬季来临,天寒地冻。人们多用火炉、火炕取暖,如不注意,很容易发生煤气中毒。煤气是一种无形"杀手",具有无色、无味的特点,其主要成分是一氧化碳气体。如果人体吸入大量的一氧化碳就会引起严重缺氧,从而造成煤气中毒。中毒轻者常常表现为头晕、眼花、头痛、胸闷憋气,心慌,四肢无力,恶心呕吐,甚至晕倒。中毒重者面色潮红,口唇呈现樱桃红色,呼吸急促,脉搏跳动加快,心跳不规则,甚至大小便失禁,昏迷不醒,继而呼吸、心跳停止,造成死亡。

一、煤炉取暖的安全措施

在日常生活中,有人认为睡觉时在炉火边放一盆水可以防止煤气中毒,其实这种说法是错误的,因为一氧化碳不易溶于水。正确的预防措施应是:

1. 在冬季用煤炉取暖时,煤炉首先要装上烟筒,并检查煤炉和烟筒是否漏气,烟道有无堵塞,是否通畅,并根据当地风向确定排烟方向,以防灌倒风。

2. 俗话说"宁可冷清清,不能烟熏熏"。晚上睡觉,不要堵上炉火的风门,屋内要设通风口,注意室内空气的流通。

3. 刚刚生着的煤炉,最容易产生一氧化碳,应及时打开窗户通风,并等炉火着旺后,再封火,切不可用湿煤封火。封火后对燃烧未尽的炉灰,应及时清理。

4. 提高认识,增强安全意识。从预防做起,树立安全第一的思想,要做到定期检查烟筒和烟囱是否漏气,是否堵塞。长时间停火后,再生火时一定要检查烟筒和烟囱。确保自身的安全。

5. 选择正规厂家生产的取暖炉具,安装时检查炉具是否完好,如有破损、锈蚀、漏气等问题,要及时修补或更换。

6. 烟筒接口处要接牢,严防漏气,要及时清理烟道,保证烟道畅通。

7. 正确安装风斗及烟筒防风弯头。

8. 睡觉前检查炉火是否封好、炉盖是否盖严、风门是否打开。

9. 在室内用炭火锅涮肉、烧烤用餐,要开窗通风,使空气流通。

二、安全使用煤气

1. 认真阅读燃气器具等的使用说明书,严格按照说明书的要求操作、使用。

2. 使用人工点火的燃气灶具,在点火时,要坚持"火等气"的原则,即先将火源凑近灶具然后再开启气阀。

3. 经常保持燃气器具的完好,发现漏气,及时检修;使用过程中遇到漏气的情况,应该立即关闭总阀门,切断气源。

4. 燃气器具在工作状态中,人不能长时间离开,以防止火被风吹灭或被锅中溢出的水浇灭,造成煤气大量泄漏而发生火灾。

5. 使用燃气器具(如煤气炉、燃气热水器等),应充分保证室内的通风,保持足够的氧气,防止煤气中毒。

三、发生煤气中毒的应急措施

1. 迅速打开门窗,让病人离开中毒环境,安置在空气流通的地方,松解衣带,保持呼吸道通畅,以利于吸入新鲜空气,有条件者给予吸氧。轻度中毒的病人,症状很快消失,几个小时,或1-2日内就可以完全恢复。

2. 若病人出现神志不清以致昏迷者,除保持良好的通风外,迅速进行人工呼吸和胸外心脏按摩,并及时将其送往医院救治。

在急救过程中应当注意以下几点:首先要注意保暖,如病人已脱衣睡下时,要用床单包住身体,把头露出,再进行转移。其次要保持呼吸道通畅,发生呕吐病人,应及时将口中呕吐物清理干净。

四、煤气中毒的自救知识

1. 打开门窗通风。

2. 切断气源。

3. 拨叫急救电话"*120*",说清楚具体地址、方位。

4. 把中毒者转移到通风的地方,注意给中毒者保暖。

5. 如果房间里煤气浓重,不要按门铃或者拨打自家电话,以防爆炸。

防范酒精中毒的安全知识

案例

　　某日,桂林急救中心出诊接回 *4* 名因酗酒导致酒精中毒的学生,*4* 人均出现了不同程度的意识障碍、血压低、呕吐等中毒症状,其中 *1* 人处于深度昏迷状态,病情危重。所幸抢救及时。

　　这 *4* 名少年均为桂林市某中学初三的在读学生,年龄在十五六岁之间。据出诊医生介绍,当日下午约 *4* 点 *10* 分接到学生家长呼救,立即赶往中心广场附近的学生家中,只见房中一片狼藉,呕吐物随处可见,有 *3* 人躺倒在地上。经检查,其中两名学生呼之不应,昏迷不醒;一名烦躁不安,对答不切题。另一名学生神志还算清醒。据了解,几个同学从中午开始喝酒,*3* 个多小时喝了 *5* 瓶高度烈性酒,因为酒醉下午未到学校上课。

　　医院将 *4* 名学生接回医院后,采取了"纳洛酮"药物促进大脑苏醒、给氧、输液、心电监护等一系列措施进行救治。当时有 *2* 名学生昏迷,其中 *1* 人处于深昏迷状态,病情危重,家长在一旁急得不知如何是好。所幸家长报警及时,医院抢救得当,年轻人身体又好,*4* 人终于康复出院了。

一、过度饮酒的八大危害

据研究,适度少量饮用酒精性饮料有一定的保健作用,但若嗜酒或酗酒则会危害心、脑、肝、肾等"主体硬件"的健康,甚至危及生命,后患无穷。

1. 饮酒过度误事致祸。酗酒闹出违法违纪之类事情屡见不鲜。

2. 酗酒猝死。酒精对心脏有直接毒性作用,损害心脏收缩功能,引起继发性心肌病,致人猝死。

3. 急性应激性溃疡大出血。有研究表明,酗酒者通过胃镜发现,饮酒后30分钟就会出现不同程度的胃黏膜糜烂,即应激性溃疡。应激性溃疡是上消化道出血致死的重要原因。

4. 急性胰腺炎。过量饮酒与急性胰腺炎的发病有密切关系。

5. 酒精性心律失常。年龄越大,饮酒量越多,心律失常程度越严重,心律失常恢复越慢。

6. 脂肪性肝硬化。有报道称,饮酒量40~80克/天为致肝纤维化危险界,超过此界可使肝纤维化和肝硬化发生率明显增加。

7. 过量饮酒引发癌症。现代医学研究表明,过量饮酒比非过量饮酒者口腔、咽喉部癌肿的发生率高出两倍以上;甲状腺癌发生率增加30%~150%;皮肤癌发生率增加20%~70%;在食管癌者中,过量饮酒者占60%,而不饮酒仅占2%;乙型肝炎患者本来发生肝癌的危险性就较大,如果酗酒或过量饮酒,则肝癌发生率更大。

二、学生酗酒的危害

过量饮酒会给身体造成很大的伤害:

1. 酒是一种能够刺激和麻痹神经系统的物质。酒精过量,会不同程度地造成心率加快,神经麻木,神志不清,自控能力减弱,动作不协调,或出现疲劳、恶心、呕吐,严重者还会出现酒精中毒现象。

2. 醉酒后,由于神志不清、身不由己,一种原始的冲动使人变得野蛮、愚昧、粗暴,异常的兴奋,又能诱导人为所欲为,出现迷离恍惚而又洋洋自得的举止。人在此种失去理智的状态下很容易对周围的人进行破口谩骂、动手殴打,看啥都不顺心或者从事一些莫名其妙、超出常规的破坏活动。

3. 经常喝酒会导致学业荒废,很难想象一个沉迷于酗酒的人还能潜心于钻研什么学业。醉酒的程度同智力恢复所需的时间大致成正比,在当今知识飞速更新的信息化时代,不难推算出,一个经常醉酒的人在工作和学习上的损失到底有多大。

4. 醉酒后,神经处于高度亢奋,稍许的刺激都可能导致惹是生非。醉酒的人动辄摔倒、撞伤,酒后开车酿成大祸的事件比比皆是。酒后溺水身亡、自食恶果之类的悲剧不乏其例。酒后打架斗殴、寻衅滋事、伤害他人过铁窗生活的屡见不鲜,惨痛教训极为深刻。为此,我国有关法律规定,醉酒的人违法犯罪,应负相应的法律责任。

三、醉酒抢救常识

1. 对于昏迷者,确保气道通畅。
2. 如果患者出现呕吐,立刻将其置于稳定性侧卧位,让呕吐物流出。
3. 保持患者温暖,尤其是在潮湿和寒冷的情况下。
4. 检查呼吸、脉搏及反应程度,如有必要立即使用心肺复苏术。
5. 将患者置于稳定性侧卧位,密切监视病情,每 10 分钟检查并记录呼吸、脉搏和反应程度。

防范铅中毒的安全知识

案例

据《北京青年报》载,北京朝阳医院儿科曾收治了一批貌似中毒的小学生。一位家长告诉记者,他们来自承德兴隆县沙坡峪村,孩子在村里的学校上学。事情发生在星期一,早上孩子们上学不久,突然闻到一股酸酸的草药味,上第一节课的时候,陆续开始有学生出现头痛、呕吐、迷糊的症状。学校老师发现后,及时将孩子送往医院进行急救,有的孩子进了高压氧舱。几天来,这些孩子接连出现不舒服的感受。后来因为诊断不出原因,家长担心孩子,便集体来到北京,先到的一批从博爱医院又转到了专门医治职业病中毒的朝阳医院。化验结果显示,一些孩子的血铅含量偏高。对于发病的原因,一些家长猜测,村小学西北方有一个铅锌厂,两年来不定期排放一些难闻的气味,而且周围矿山也很多,孩子很可能就是铅中毒。

铅,是一种对人体没有任何生理功能,而具有神经毒性的重金属元素。儿童的神经系统对外界毒性物质的抵抗力非常脆弱,对铅毒特别敏感。铅毒对儿童的损伤初期可能没什么症状,随着铅毒在体内逐渐积累,慢慢使体格生长及智能发育受到危害,甚至造成大脑整合、协调功能紊乱。

铅污染主要来自空气和饮食,所以我们对周围环境中的含铅污染和饮食卫生要特别注意:

1. 空气中的铅污染最多来自汽车尾气和燃煤。所以我们在上下学的路上要尽量躲避容易接触汽车尾气的地方,遇到风大的天气要戴上口罩。

2. 对于刚刚装修过的新房或者刚油漆过家具的房间,一定要开窗通风并空出一个月左右,等到含有铅等有害物质的气体散尽之后,方可入住。

3. 据统计,儿童体内铅有 80% —90% 是从消化道摄入。所以,一定要勤洗手,不吮指,尤其又要边玩边吃零食,边翻书边进食,不啃铅笔头。使不正常行为造成的"铅摄入"降到最低限度。

4. 少吃或不吃高铅饮食。像松花蛋、爆米花和劣质的罐头饮料和食品尽量少吃。不饮用隔夜第一段自来水,清晨先打开自来水放 1—5 分钟,因这段水含铅量较高。

5. 多吃含钙、铁、锌食物。在肠道里,钙、铁、锌与铅进入体内是通过同一运载蛋白,所以存在相互竞争机制。豆制品、肉类、蛋类和动物肝脏中含钙、铁、锌丰富。

6. 避免接触污染的食品。袋装食品要防止上面的字、画、商标与食品直接接触。

附录 1:小学生安全知识歌

小朋友,仔细听,安全常识有本经,时时注意言和行,家长老师才放心。
过马路,眼要明,一路纵队靠右行,车辆靠近早避身,举手行礼表深情。
拐弯处,莫急跑,以防对方来撞倒,夜晚走路更小心,不碰墙壁不碰钉。

风扬尘,护眼睛,尘埃进入需冷静,轻柔慢擦手洗净,情况严重找医生。
细小物,注意玩,千万别往口中含,一旦下肚有麻烦,快找医生莫拖延。
饥饿时,嘴莫谗,吃饭之前洗手脸,细嚼慢咽成习惯,这样身体才康健。
吃零食,坏习惯,不分场合和时间,三心二意分精力,别人觉得也讨厌。
照明电,不要玩,千万不能摸电线,电线处处有危险,用电常识记心间。
电视剧,动画片躺下床铺就不看,迷迷糊糊睡着了,当心电视被烧烂。
遇火灾,119,火警电话记心头,速离险境求援助,生命安全最关键。
家来人,不认识,接待不可太随便,哄你出门找爹妈,他就趁机来作案。
遇车辆,莫阻拦,爬车拦车不安全,出了事故伤了人,轻留疤痕重丢命。
闪电亮,雷声鸣,自然现象不虚惊,高墙大树不靠近,导体抛开地下蹲。
下雨天,路泥泞,团结互助讲文明,大小相帮讲真情,平平安安把家还。
吃瓜果,先洗净,蚊叮蝇爬传染病,病从口入是古训,讲究卫生不生病。
玩游戏,远金属,无意也会伤人身,理由再多不管用,终归还是不安宁。
莫喝酒,莫吸烟,吸烟喝酒神志乱,乱了神志把法犯,英俊少年不体面。
炎热天,汗淋淋,莫用凉水冲洗身,重者卧床不能起,轻者风湿也上身。
遇匪徒,110,匪警电话要记清,机智灵巧去周旋,歹徒被擒快人心。
私下河,不安全,要防头晕与痉挛,一江大水喝不完,青春年少赴黄泉。
接热水,要小心,壶倒瓶翻烫坏身,误时花钱且哀痛,医好皮肤不匀称。
河水涨,莫强过,逞强逞能必招祸,绕道行走才安全,雨过天晴家家乐。
过院落,别逗犬,呼叫大人把狗赶,切莫自耍小聪明,被狗咬伤有危险。
大热天,走远程,切记莫把生水喝,肚子痛来头发昏,途中哪里找医生。
青少年,莫玩火,星星之火可燎原,烧了房子烧了山,一不小心要坐监。
冬天冷,要取暖,火区电器要检点,乱七八糟遍地摆,出了火灾后悔晚。
药醋瓶,要收好,千万不能乱了套,老人小孩分不清,误食会把命丧掉。
打乒乓,学投篮,体育运动大发展,单双杠,爬吊杆,都要按照规则办。
不打架,不骂人,文明礼貌树新人,德志体美全发展,人人争当接班人。
坏故事,莫要听,影响学习误青春,黄色书碟更莫看,不会分析会受骗。
安全事,说不完,时刻小心理当然,偶出事故总难免,自觉自愿入保险。
莫登高,莫爬树,当心高处稳不住,失手失足滚下去,谁也不知伤何处。
住上铺,莫马虎,安全时刻要记住,如果上下不小心,老师父母都操心。

注射器,有针尖,玩它容易伤害眼,药品更不随便拿,人人做个好娃娃。
玩滑梯,荡秋千,安全意识记心间,谨防失手绳又断,摔伤身体不方便。
用电炉,烧煤气,结束一定要关闭,房间一定要通风,血的教训要牢记。
变压器,不能攀,高压电源很危险,一旦接触人身体,命归黄泉上西天。
倡保险,促平安,安全知识记心间,园丁精心勤浇灌,安全硕果分外甜。
说安全,道安全,安全工作重泰山,教师学生齐参与,校内校外享平安。

附录2:交通安全童谣

童谣(一)

红绿灯,像妈妈,行人车辆要听话。
红灯停,绿灯行,车辆行人不打架。
大马路,像爸爸,奔驰宝马也靠它。
路不熟,地还疏,开车可要小心啦。
人让车,车让人,交通安全靠大家。
车撞人,人撞车,警察叔叔生气啦。
大家遵守交通法,兴国安邦振中华。
人人遵守交通法,争做安全小卫士。

童谣(二)

小朋友,请注意,交通安全要牢记。
栏杆叔叔对我说,别从我的肩上过。
路灯阿姨告诉我,晚上天黑要当心。
红绿灯,提醒我,我的眼睛用处多。
睁开绿眼大步行,睁开红眼都停下。
一眨一眨黄眼睛,告诉大家准备啦!
小朋友,请珍惜,生命安全最重要。

童谣(三)

小小卫士本领大,交通规则记得牢,

放学排队出校门,不吵闹来不奔跑。
过马路走人行道,遇见红灯停一停,
绿灯亮了往前行,遇到汽车靠边行,
乘车礼让有礼貌,尊老爱幼讲文明。
小朋友,莫忘了,交通规则记心头,
安全幸福千万家。

童谣(四)

小朋友,正年少,交通法,要记牢。
走路时,靠右行,人行道,最放心。
过马路,要当心,斑马线,看分明。
红灯停,绿灯行,黄灯亮,莫着急。
马路上,别玩耍,不能跑,慢慢行。
转弯前,手示意,不猛拐,不强行。
守法规,讲文明,安全法,记心间。

童谣(五)

你拍一,我拍一,走路靠右最要紧。
你拍二,我拍二,绿灯行来红灯停,
你拍三,我拍三,车内勿把头外探,
你拍四,我拍四,路上学生别嬉戏,
你拍五,我拍五,先左后右过马路,
你拍六,我拍六,酒后驾车必闯祸,
你拍七,我拍七,未满十二不能骑,
你拍八,我拍八,并排骑车手勿拉,
你拍九,我拍九,翻越栏杆小命丢,
你拍十,我拍十,人人遵守路畅通,
开心出门开心归,安全时时记心中。

童谣(六)

我是一个小公民,遵守交规常记心。

195

红灯亮时切莫行,绿灯才是保护神。

路上骑车不带人,安全隐患要消除。

横穿马路祸根生,人命关天岂儿戏。

十字路口情况多,车辆转弯要慢行。

酒后驾车万不可,十次事故九次疾。

人行道上过马路,平平安安把家回。

附录3:小学生安全知识儿歌

(一)地震自救儿歌

你拍一,我拍一,地震自救要学习。你拍二,我拍二,镇定自若不要怕。

你拍三,我拍三,安全有序往外散。你拍四,我拍四,疏散不及钻桌子。

你拍五,我拍五,被困废墟把嘴捂。你拍六,我拍六,相信自己会得救。

你拍七,我拍七,救助未到不要急。你拍八,我拍八,如有可能往外爬。

你拍九,我拍九,听到声音要求救。你拍十,我拍十,战胜困难贵坚持。

(二)溺水自救歌

溺水勿自慌,迅速离现场。清除口鼻保畅通,拍打后背让肺畅。

若无呼吸人工上,若无心跳挤心脏,赶紧换上干衣裳,尽快送到病床上。

(三)火灾来了不要怕!

火灾来了不要怕,先把心情定下来。如果火苗烧得小,想法把它消灭掉。

如果火苗烧得大,跑到屋外空地上,赶快拨打119。千万不要贪财物,千万不要跳下楼,千万不要躲衣柜。如果实在逃不掉,跑到阳台再呼救。

(四)烫伤自救歌

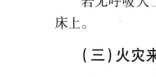

小朋友,被烫伤,莫要荒。

手指伤,有点红,摸耳朵。

面积大,冷水冲,涂膏药。

无膏药,用酱油,搽蜂蜜。

烫得重,送医院,莫犹豫。

小朋友,要牢记,

一冲洗,二护送,莫忘了。

(五)上学放学歌

下课铃声响,依次出课堂;走廊慢慢走,有序不争抢;

楼梯靠右行,不闹不推搡;运动要适量,上课精神旺;

快乐做游戏,个个守规章;安全记心上,时时不能忘。

放学回到家,别摸刀与叉;插座里有电,千万别碰它;

阳台很危险,能看不能爬;煤气有剧毒,别把火来打;

一人在家蹲,门是保护神;如果有人敲,先从猫眼瞧;

假如生人来,别把门儿开;大声打电话,歹徒最害怕;

坏蛋能吓走,安全得保障;父母回到家,一定把你夸!

(六)发生火灾怎么办

同学们,快快来,我们都来讲安全。不玩电器不玩火,把住预防这一关。

火灾一旦已发生,不要惊恐和慌乱,听从指挥快速跑,乘坐电梯不安全。

浓烟围困呼吸难,要把身体贴地面,弄湿毛巾捂口鼻,离开火场去求援。

快快拨打"119",消防队来保平安。

(七)地震自救歌

楼房摇动不要慌,一不跳楼二不扒窗,下蹲墙角好地方,听从指挥快跑光,安全走到操场上。万一被埋别紧张,一不哭喊二不惊慌,先防身体少受伤,找水找食找地方,保存体力等救伤。

(八)安全细节歌

同学们认真听,安全常识有本经,时刻注意言和行,老师家长才放心。
私下河,不安全,要防头晕和痉挛,一江大水喝不完,青春少年上西天。
冬天冷,要取暖,火区电器要检查,乱七八糟遍地摆,出了火灾后悔晚。
变压器,不能攀,高压电源危险大,一旦接触人身体,命归黄泉上西天。
电视剧,动画片,躺倒床上不能看,迷迷糊糊睡着了,当心电视被烧烂。
遇车辆,勿阻拦,扒车拦车不安全,出了事故伤了人,轻留疤痕丢性命。
说安全,道安全,安全工作重泰山,教师学生都参与,校内校外才平安。

(九)地震自救歌

地震来了不要慌,跑到屋外空地上。如果逃跑来不及,躲到桌下或床底。

洪水洪水低处流,来临之前高处走。高山大树要抓牢,天气预报要看好。

火灾来了真无情,千万不要玩火星。发现拨打119,远离火源再呼救。

放学要走人行道,十字路口看信号。独自在家锁好门,生人叫门莫应声。

狗咬猫抓毒蛇咬,及时就医才最好。

(十)生活安全

吃饭之前要洗手,切记莫把生水喝。过马路,眼要明,斑马线上小心行。

细小物,注意玩,千万别往口中含。水火电,莫乱玩,安全常识记心间。
遇火灾,119,速离险境求援助。陌生人,莫轻信,防止坏人将你骗。
遇匪徒,110,机智巧妙去周旋。雷电闪,不虚惊,避开高树地下蹲。
地震时,莫慌张,紧急撤至空地上。